"十三五"普通高等教育本科部委级规划教材

化妆

形象设计

徐 莉 著

U0286111

中国纺织出版社

内 容 提 要

本书内容结构由"中国古代面妆形象"、"西方古典脸妆形象"、"化妆形象修饰技巧"、"角色化妆形象设计"、"化妆基础训练三阶梯"、"古今中外经典妆容"和"化妆形象创意表现"七章组成。从教学实践出发，纵观古今，对照中西，尝试从三个方面对化妆形象设计教学方法进行创新：一是注重叙述的历史性，结合各时代社会背景、文化风尚及技术条件对中外化妆史做深入浅出的讲解，概括总结了化妆发展的历史变迁；二是注重知识的系统性，全面介绍了各种化妆的专业术语，对化妆的分类名词、化妆技法及化妆材料做了很细致的说明，为从事化妆工作者及教育研究人员提供了一本很好的参考书；三是注重范例的原创性，将理论和实践相结合，对大量的化妆形象设计个案做了细致的解读，尤其是那些独到、典型的范例，可以直接给相关人士以指导。同时，图文并茂，语言生动，可读性强。

本书是一本具有实用价值的形象设计教材，也是一本普及化妆知识的读物。

图书在版编目（CIP）数据

化妆形象设计 / 徐莉著. —北京：中国纺织出版社，2019.4（2022.9重印）

"十三五"普通高等教育本科部委级规划教材

ISBN 978-7-5180-5703-0

Ⅰ. ①化… Ⅱ. ①徐… Ⅲ. ①化妆—造型设计—高等学校—教材 Ⅳ. ①TS974.12

中国版本图书馆CIP数据核字（2018）第280680号

策划编辑：孙成成 谢婉津 责任编辑：杨 勇 责任校对：王花妮
责任设计：何 建 责任印制：王艳丽

中国纺织出版社出版发行
地址：北京市朝阳区百子湾东里A407号楼 邮政编码：100124
销售电话：010—67004422 传真：010—87155801
http://www.c-textilep.com
E-mail:faxing@c-textilep.com
中国纺织出版社天猫旗舰店
官方微博http://weibo.com/2119887771
北京华联印刷有限公司印刷 各地新华书店经销
2019年4月第1版 2022年9月第3次印刷
开本：889×1194 1/16 印张：13.25
字数：228千字 定价：59.80元

凡购本书，如有缺页、倒页、脱页，由本社图书营销中心调换

他 序

　　一个月前接到母亲的消息，邀请我为《化妆形象设计》作序。不知为何，化妆是一种极具女性特质的行为，或许因为化妆在女性中更为普遍，而且是一件非常细致且温馨的事。

　　我的母亲是一个生性平和且温文尔雅的人，得益于早年家庭教育和江南水土的养育，自幼就养成了对美的敏锐洞察，成年后对化妆、发型和服饰情有独钟。母亲自上海戏剧学院毕业之后，没有选择成为服装设计师，而是转入教学和研究。在生活中，母亲不喜欢冲突，平凡祥和相夫教子，同时给予家人足够的自由和空间；但在她平静的外表下却隐藏着一颗执着的心，她把自己的冒险和挑战放在了形象设计的研究中。母亲对我的教育始终非常亲和且微妙，和父亲热情澎湃的思辨相比甚至显得沉默，但她说话的时候又流露着极大的真诚和关切，她的眼神是我见过的最清澈的眼神。母亲的这种亲善同样在工作中一以贯之。

　　对于一个女性，每天醒来之后或许是审美感知最活跃的时间。许多朋友告诉我，自己会花上一小时梳妆打扮，把夜晚和倦怠洗去，唤醒体内的活力；在自己的脸上描画，精心编盘发式，然后选择符合当天心意和场合的服饰，都是随着此时此刻的意愿和周全的考量而做的现场发挥。这种即兴创作是每一个女性在每一个早晨要完成的仪式。现代人的一天充斥着繁杂的事物，自我形象设计的创作和对美的把握通常是对细节的谨慎选择，日复一日反复这种仪式，对自己就越加真诚。这种仪式还有非常实用的出发点，出于自己的社会身份，每个个体都需要依据自己的审美品位和职业要求对外界投射影像，妆容可以代表每个时代的形象。社会身份是类型化的，人们会依据常态的符号印象对一个人做出印象判断，因此了解其中的规则和习惯，然后选择顺从或逆反，对于向外界投

射准确的信息来说极其重要。

　　这本书涵盖范围广泛，囊括了东西方主要时期的妆容特点，以历史的视角解析各个时期的妆容特征，并且将化妆形象设计的演化串联在一起，给读者提供一个全面的视角和连贯充分的信息。所有操作案例都是母亲自己动手制作完成，黑白页的配图和插画都是亲力亲为，没有使用助理，这种手工劳作般的创作方式保留了原初的意图，充满了作者的诚恳，不加任何矫饰地展示给读者，饱含自然流露的直觉和能量。

李奥

2017 年 12 月写于耶鲁大学

自 序

　　对美的追求，是热爱生活的人们共同向往的。人类通过化妆对面容的某些不足加以修正，所以化妆反映的是虚像，但我们却宁可把它当作实像。既然化妆是虚像，不可避免地产生错觉，形成"错觉艺术"，但我们还是乐意接受错觉假象给人带来的心灵满足，化妆的意义和价值正在于此。

　　化妆由形式（能指）和内容（所指）组成。化妆的表现形式丰富，根据不同的使用场合，通常建立起性质不同的化妆系统。比如，职业女性的化妆不仅使人精神焕发，更是企业管理的要求；礼仪小姐的化妆不仅使人美丽，更是整体划一的要求；晚宴场合的化妆不仅使人漂亮，更是文明礼仪的要求；舞台演员的化妆不仅是舞台效果的需要，更是戏剧人物的要求……我们发现不管哪一种化妆都与人们心中已知的"类"认识有关，否则人们便无法在心理上再现它。

　　无论何种化妆类型都有一种两面的心理实体，即可感知的符号形式和可分析的符号内容。人们从具有双重性格的化妆中感知到的是能指的形式，理解的则是符号的内容。符号中作为形式的实体（化妆形象）并不表示实体本身（裸妆形象）；符号中作为内容的意义（管理、整体、礼仪、人物……）也不是意义直接指向的事物，而是事物的概念。例如，中国人在吃年夜饭时，"鱼"不仅有果腹的实体功能，民间还有有余（富裕）的象征意义；"芹菜"不仅有果腹的实体功能，民间用"勤"的谐音象征勤劳等。人们注意的只是鱼和芹菜的实体功能（果腹），但是作为民俗习惯，这条鱼和这盘芹菜被符号化，成为实物符号，它通过人们的心理声像与追求富裕、勤劳的愿望联系起来，被赋予特殊的意义。实体的符号化使实体的使用功能转化为指称功能，具有了表意作用。化妆形象是通过解释的历程而获得各种意义的。

　　形象这个词的本来涵义是指人物（或事物）的形体外貌，具有可视、可闻、可触、可感的性质。形象的塑造过程，乃是信息传播过程，是双向的。因此，要充分考虑对方的接受、理解程度，能接受、能理解，就容易达成共识、融洽，好感便油然而生。接受方是复杂的，他（她）表现出的或许是某一个阶层，或更宽泛为社会公众，因此，形象的塑造存在着个性化与社会化的整合，传统化与现代化的整合。整合意味着自我调适（调整适合）。在这两极之间，寻找到一个恰当的点，就是自我形象的定位，这个点也可以称为定位点，通俗地说是寻找自我位置。这中间有事半功倍的惬意与快乐，也有弄巧成拙的难堪与苦恼。

化妆形象的设计，不单是妆扮的技术问题，也不仅是对时尚美的追求与拥有的问题，更实质的是对人生独有的一种体验、积淀和升华；是生活态度、生存方式的问题。生存方式是指向人的最本质的哲学命题。如果说形象设计不是一个小学问，而是一个大学问，就在于它是人学——人应该如何生活，如何更好地生活；人如何与他人相处，如何更有效地实现人际沟通，从而有益于自身价值的实现。因此，我们说化妆形象设计永远是人类自我理想的设计，是人的生活方式的最佳状态的设计，是真、善、美的设计。

徐莉

2017年10月写于无锡梅园

目 录

第一章
Chapter one

中国古代面妆形象

　　追溯面妆的起源，要从巫术与祭祀礼仪开始。在原始社会，人们将具有神秘力量的血液寓为"生命之水"；将像血一样颜色的红土、赤铁矿末等，作为最珍贵的殓葬品，撒进死者的墓中；同时，与神鬼试图沟通的场合，人们把这种最醒目的红颜色作为一种特殊的媒介，涂抹在自己的面部和身体上，以表达一种虔诚的心情，更表示以勇敢来抗衡邪恶之意。因此，在最初的时候，原始人并不具备从审美的角度出发，采用色彩涂抹脸，使之亮丽动人的心理。然而，当这种含有神秘意味的宗教性活动成为一种仪式，并被不断地重复进行的时候，人们对这种涂抹的认识也随之不断深化。由此，人们开始发现并挖掘这种涂抹中产生美的认知，于是，产生了最早的美学意义上的面妆。

　　在我国新石器时代的洞穴壁画里，可以很明显地看出，女子的脸上都涂着红土的颜色。周口店山顶洞人的遗址中，考古学者们也发现了涂了红色的贝类饰物与遗存在墓中的赤铁矿粉末。

　　中国妆饰的萌芽期约在商周时期。妇女们用矿物质与米粉制作化妆品，装饰容貌，当时这种妆饰仅限于宫中妇女。直到春秋战国时，民间的妇女才逐渐开始流行化妆，"粉白黛黑"❶之记载遍于史籍，白妆形式定型化。

　　自秦至南北朝是中国妆饰的成长期。首先，是秦因边境向西北推进，受匈奴人的影响，妆饰由白而变红，面妆中出现颊红。其次，是汉代的妆饰渐趋活跃，口唇妆在这一时期迅速流行。最后，是两晋南北朝时期，男子傅粉施朱，构成当时社会的一大特色，而且，因民族的大迁徙与大融合，妆饰名目繁多，化妆逐渐风靡全国。

　　隋唐是中国妆饰的成熟期。妆饰集各方之大成而蔚为大观，它使得妇女地位与文化修养都得到空前的提高，妇女形象更加流光溢彩。在古代各个朝代，唐代妆饰的丰富程度是任何时期都无法比拟的。唐朝在美饰方面表现为放任、自由、浪漫，不断地尝试，不断地吸纳，不断地出新。如在娱乐杂耍时，可以男扮女装，可以新奇前卫，可以稚拙浪漫，可以复古简朴，可以异想天开……人的个性得到极大的尊重与张扬，同时，在共性中仍酝酿着创造的兴奋与青春的活力。

---

❶ "粉白"指白粉妆面；"黛黑"指黑颜料饰眉。

宋朝至清朝是中国妆饰的传承期。虽然宋朝以后至明清，妆饰也有变化，但从形式到内容，都未能超越唐代的水平。宋时"理学"昌盛，社会对妇女的要求是"内贞外静"，所以铅华之气渐渐退去，崇尚外形的淡雅与纤弱。在这种"内贞外静"的审美观支配下，明清时期，妇女自幼开始缠足之风流行，让女子在"三寸金莲"的缓慢移动之中，体现女性弱质薄柳的姿仪。这种柔弱美的审美潮延续千年不变，延至近世成为妆饰主流。

第一节　白妆

早在战国时期，我国妇女已经用白色妆粉来妆饰自己的颜面。最古老的妆粉有两种：一种以米粒研碎后加入香料而成，称为米粉；另一种则是化铅而成，称为铅粉。

传说中最早的敷面白粉"飞雪丹"（铅粉），是由春秋战国时期秦国的美女弄玉首敷的。弄玉是秦国国君秦穆公的女儿，长得美丽非凡，喜好吹箫。她的相貌才情感动了一位仙人，仙人化为男身，名萧史，因"极擅品箫"而得以与弄玉结为秦晋之好。萧史"为烧水银化粉与涂，亦名飞雪丹"（马缟《中华古今注》），后来两人竟携箫乘鹤归去。晋代，崔豹在其著作《古今注》中称："萧史与秦穆公炼飞雪丹，第一转与弄玉涂之，今之水银腻粉是也。"可见"飞雪丹"是一种含水银成分极高的白色妆粉，也即铅粉。它是一种经过严密的化学处理后产生的物质，是我国最早的人造颜料。

事实上，铅粉用于女子的妆面，早于弄玉以前好多年就开始了。五代马缟《中华古今注》云："自三代以铅为粉。"晋张华著《博物志》称："纣烧铅作粉，谓之胡粉，即铅粉也。"依此说，我国制作妆品用于妇女妆面的历史已有四千多年之久。

周朝开始，我国妇女用丝绵或绸类丝织物制成的粉扑来沾染妆粉。用黑色的黛石或植物类的青黛来画眉。《楚辞》有言："粉白黛黑施芳泽，长袂拂面善留客"。《谷山笔麈》也讲到："古时妇女之饰，率用粉黛，粉以傅面，黛以填额。""黛"是一种描眉的颜料，同时又是画眉的一个过程。"黛"意为代，是把眉毛剃掉或拔掉，再画上眉，故为代。黛的化妆法在我国古代多有应用，尤其在唐代十分盛行，但它在战国时就存在。《战国策》曾记张仪使楚，在与楚王的谈话中说到，"郑国之女粉白黛黑立于衢间，见者以为神"。少女们妆成后能够当街而立，展示风姿，在当时的确是够大胆的举动。敢以这种当街而立的粉面女郎，绝非一般家庭中的女子，应属游女❶一类人物。

先秦时代的妇女习惯将原有的眉毛除去后再画眉，画眉的式样虽然宽窄曲直略有不同，但都是以长眉为主。朱砂则是作为红妆点唇之用；当时妇女也用红色的胭脂美化唇型，称为"点唇"，也就是不将上下唇涂满，仅仅涂成一个小圆点，使嘴唇看来如同樱桃般娇小可爱，这种点唇方式一直流

---

❶《史记·货殖列传》云：邯郸"女子弹弦跕躧，游媚富贵，遍诸侯之后宫"，这是游女阶层存在的明证。春秋时，管子曾置"女闾三百"以为军妓。

传到清末民初。

汉代初期，只涂白粉，画长黑眉，点红唇，不画腮红的化妆方式最为风行。后人将这种妆扮称为"白妆"。史载东汉时梁冀的妻子孙寿貌美，又擅妆，作愁眉、啼妆、折腰步、龋齿笑、堕马髻等妆饰。愁眉是八字眉，啼妆是白妆，眼下画白点如堕泪。堕马髻是将头发偏梳，作慵懒之状。折腰步、龋齿笑都是一种病西施的意态。原本普及的白妆至隋唐"红妆"风潮出现后，才渐渐演变为年轻寡妇的化妆方式。

白妆虽然不是唐代妇女化妆的主流，但由于杨贵妃的提倡，却也曾流行一时。据《中华古今注》云，杨玉环"偏梳朵子……作白妆黑眉"。白居易《长恨歌》描写杨玉环"侍儿扶起娇无力，始是新承恩泽时""玉容寂寞泪阑干，梨花一枝春带雨"，都给人一种娇弱的感觉；偏梳发髻，白妆其面，则楚楚可怜之态呼之欲出。由于杨玉环的喜好，以致"宫中嫔妃辈施素粉于两颊，号泪妆。""泪妆"是唐宋时期宫廷中妇女的一种化妆方法，用白色的化妆粉，点抹在眼角或两颊，做出啼哭的模样。唐末五代时，还出现了一种特殊的白妆，在额头、鼻子和下巴三个部位涂成白色，被称为"三白妆"，类似现代化妆术中的"提亮""高光""亮色"。如图1-1、图1-2、图6-5所示。

白妆在民间，也为一般孀居的少妇所喜用。白居易《汪岸梨花》曾云："最似孀闺少年妇，白妆素袖碧纱裙。"啼妆至宋代尚存，《宋史·五行志》载："理宗朝宫妃……粉点眼角，名泪妆。"白妆的梨花韵味有时比红妆的桃花风情更美（图6-2～图6-4）。

敷面以白粉始终是贯穿女性化妆的主旋律。清初的李笠翁在他的《闲情偶寄》中曾这样表达他的女性审美观："妇人本质，惟白最难。"无论古今中外，女性们化妆的主要目的，总在于使自己的脸面显得白嫩光洁。从图1-3中能强烈地感觉到慈禧太后脸上厚厚的白粉。所以白粉一经制作并被使用后，只有不断改良的记录，再也无从女性脸上隐退了。

图1-1 三白妆（唐代张萱《捣练图》）

图1-2 三白妆（清代康涛《华清出浴图》）

图1-3 白妆（慈禧太后画像）

第二节　胭脂妆

图1-4　胭脂妆（唐代《弈棋仕女图》）

战国后期楚国文学家宋玉在他的《登徒子好色赋》中如此形容美女："敷粉则太白，施朱则太赤"。他所说的朱就是氧化汞（朱砂，剧毒）。用朱砂化妆大概自远古一直沿用到汉代中期。

古时的颊红开始并无专名，自汉代引入红蓝花作胭脂后，世人统称其为"胭脂"，该妆如图1-4所示。

所谓胭脂，实际上是一种名叫"红蓝"的花，它的花瓣中含有红黄两种色素，花开之时摘之，经杵捣，淘去黄汁后，即成鲜艳的红色染料。为了便于使用和保存，一般多用丝绵浸染后晒干，使用时只要蘸少量清水即可涂抹。因这种原料来源于焉支山下，所以被称为"焉支"。大约到了南北朝时期，人们在焉支之中又加入了牛髓、猪胰等物，使之成为一种稠密润滑的脂膏，因此"焉支"也被写成"胭脂"。古文一种写为"燕脂"，说产于燕国。《中华古今注》云："燕脂盖起自纣，以红蓝花汁凝作燕脂。"不论是燕脂、焉支还是胭脂，都是战国时各国文字不同所致。可见胭脂作为妆品，早已定型，并沿用至今。古代制作胭脂的主要原料为红蓝花，但除此之外，还有如清朝宫廷的玫瑰花胭脂、石榴花胭脂、紫茉莉花胭脂等。

红妆的真正普及是在汉朝以后，其原因就是汉武帝夺取了匈奴所控的拢西之地后，大规模引进了制作胭脂所用的红蓝花种大量种植。由于胭脂的推广和流行，妇女化红妆者与日俱增。在唐代，这种风气有增无减（图6-8、图6-9）。

唐人面妆的特色是善用胭脂。通常在涂抹妆粉后，再将胭脂置于手掌中调匀后涂抹双颊。胭脂妆包括斜红妆、血晕妆、檀晕妆、飞霞妆、酒晕妆、桃花妆等。

一、斜红妆

斜红形状如弦月，以深红色描于面颊近眼的两侧，长度约由鬓至颊，有的为单弧状，有的则为双弧状或多弧状，有复杂者特在其下部用胭脂晕染成血迹模样。此妆的起源有一个有趣的故事。据五代时南唐的张泌《妆楼记》载：三国时，魏文帝曹丕宫中新添了一名宫女，叫薛夜来，文帝对她十分宠爱。一天夜里，文帝在灯下读书，周围用水晶屏风相隔。夜来走近文帝，不觉一头撞上屏风，顿时鲜血直流，文帝心疼不已。后来夜来脸上留下了两道伤痕。有趣的是，从此夜来更加得到文帝的宠爱。其他宫女为得到文帝的宠幸，也模仿起夜来的模样，用胭脂在面颊上画出血痕妆，名"晓霞妆"，久而久之，便演变成一种特殊的妆饰——斜红妆，如图1-5所示。到了唐时，斜红妆成为一种时髦的妆饰，如图1-6所示；新疆吐鲁番唐墓出土绢画"饰斜红的妇女"（图6-28）。

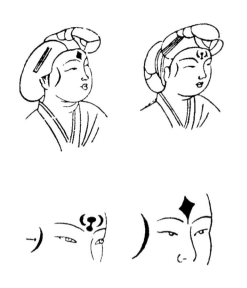

图1-5 斜红妆（唐高昌壁画桃花美人图） 图1-6 饰斜红妆的妇女（新疆吐鲁番唐墓出土绢画）

二、血晕妆

宋人王谠《唐语林》称"血晕妆"的化妆法为"长庆中，……妇人去眉，以丹紫三四道约目上下"，也就是将眉毛拔去后，以近之于紫的红色，在眼睛的上下晕染出三四道横条来。这种面妆流行于唐代长庆年间京师妇女中。

三、檀晕妆

据宋人张邦基《墨庄漫录》记，"檀色，浅赤者所合，古诗所谓檀画，荔红色也，妇女晕眉色似之，唐人诗词多用之。"由此可见檀色是一种荔红色，晕染于眼眉，其作用与今日的眉笔或眼影相似。檀晕妆从唐、五代至宋，长盛不衰。还有一种"檀晕"其实是一种"檀粉妆"，将胭脂与铅粉按着一定的比例调匀形成一种粉红色的妆粉，被称为"檀粉"，用檀粉涂抹整个面部，着色均匀整体，色调统一端庄，多被中年女性所用。

四、飞霞妆

先淡抹胭脂，然后以一层白粉扑罩之。用这种方法化妆，能产生白里透红的视觉效果，看起来更健康、自然。飞霞妆色彩介于酒晕妆与桃花妆之间，通常被少妇使用。

五、酒晕妆

先施白粉，再将红粉从额头开始一直扑至颊，两颊再用胭脂稍涂红，则满脸红生，如薄醉一般。酒晕妆亦称"晕红妆""醉妆"，当属于浓艳妆型。

六、桃花妆

深红色胭脂与粉共用，强调脸颊的红白自然过渡，红又淡至粉色，以神似桃花瓣的颜色而得名"桃花妆"，亦被称为"桃花面"。此妆使人感到既不惨白，又不火红，淡雅美丽。现在民间节日演出时，艺人们仍化这种传统妆。

唐宇文氏《妆台记》称，"美人妆，面既敷粉，复以燕支（胭脂）晕掌中，施之两颊，浓者为酒晕妆；淡者为桃花妆；薄之施朱，以粉罩之，为飞霞妆。"这些妆统称为红妆，又称胭脂妆。

第三节　额黄妆

化妆一般尚红，但也有用黄的。梁简文帝"同安鬟里拔，异作额间黄"，李商隐有诗句"寿阳公主嫁时妆，八字宫眉捧额黄"，说的都是用黄色妆饰前额。

"额黄"，就是在额部用毛笔涂染黄色的一种妆法。有半额涂黄和满额涂黄两种。半额涂黄是在前额涂一半黄色，或上或下，然后以清水过渡，呈晕染之状，称为"约黄""轻黄"。全涂法亦称为"平涂"，也就是将全额涂满黄色。这种独特的额黄妆，可能与当时社会信奉佛教的风气有关。

"南朝四百八十寺，多少楼台烟雨中。"南北朝时，佛教在中国得到广泛的传播。人们广开石窟，大塑佛像，佛像金光闪烁，给人崇拜向往美好的启迪，据宋代吴曾《能改斋漫录》载："张芸叟《使辽录》云：'胡妇以黄物涂面如金，谓之佛妆。'"当时的妇女，特别是信仰佛教的妇女在额间晕染黄色，表示对佛的虔诚而仿效佛像涂金，渐渐地成为一种时尚，如图1-7所示。南朝梁简文帝萧纲《美女篇》云："约黄能效月，裁金巧作星。"

唐代的文学作品中有许多关于黄妆的精彩描述，如牛峤的"额黄侵腻发"；卢照邻诗："片片行云著蝉鬓，纤纤初月上鸭黄"；皮日休诗"半垂金粉如何似，静婉临溪照额黄"；郑史诗"最爱铅华薄薄妆，

图1-7　额黄妆（北齐"校书图"）

图1-8　花钿贴额面饰（《木兰辞》）

更兼衣着又鹅黄"。鸭黄、鹅黄都属于额黄妆。经过五代到宋代时，额黄还在流行，宋代彭汝励诗："有女夭夭称细娘，珍珠落鬓面涂黄"。额黄的妆法尚属简单，涂晕黄色于额即可，但是爱美的女性为追求美，又将黄色纸、布、鱼骨等做成花饰贴于额上，这种花饰形状大多数取星、月、花、鸟等，故称"花黄"。北朝著名的《木兰辞》中写道："当窗理云鬓，对镜贴花黄。"该妆如图1-8所示。

"花黄"图形精巧，贴于额间，可爱之态呼之欲出，其实"花黄"也就是花钿的一种。额黄化妆也影响了眉的色彩，当时除了黛眉、墨眉之外，还有黄眉。

归纳起来，额黄化妆有两种方式：一种是用染画法，也就是将黄色的染料涂在额头上；另一种则是用粘贴的方法，就是直接将薄片状的黄色饰物贴在额头上，称为"花黄"。

第四节　花钿妆

"花钿"是一种额眉间的妆饰，如图1-9所示。从形象资料来看，唐代妇女使用花钿十分普遍。唐代妇女化妆顺序：一敷铅粉，二抹胭脂，三画黛眉，四贴花钿，五点面靥，六描斜红，七涂唇脂。白居易《长恨歌》"花钿委地无人收"隐含着凄惨；李清照《蝶恋花》"酒意待情谁与共，泪融残粉花钿重"温暖的忧伤。

花钿亦称面花、花子、媚子，如图1-10所示。材料有金箔片、黑光纸、鱼腮骨、螺钿壳、虫翅、丝绸以及云母片等，由其剪制成的饰物图形美观，颜色亮丽。宋人陶谷《潜异录》载："后唐宫人或网获蜻蜓，爱其翠薄，遂以描金笔涂翅，作小折枝花子。"记录了宫人用蜻蜓翅膀描上颜色做成花钿。

花钿的颜色根据其材料的不同，有金黄、翠绿、青黑、白、黑等。金箔如金，鱼骨如玉，还有在白色材料上涂朱色而为艳红色，更有用翠鸟羽毛、螺钿壳、云母片做的花钿，整体青绿，晶光点点，被称为"翠钿"，在翠羽上勾画金粉为"金缕翠钿"。五代后蜀孟昶妃张太华《葬后见形》写道："寻思往日椒房宠，泪湿衣襟损翠钿"。

花钿的形状有花朵、扇面、桃子、牛角、圆月、三叶、菱形、叉形、鸟雀、小鱼等。花钿的式样丰富多彩，繁简不一（图6-24）。最简单的只是一个小小圆点，谓之"红点丹"；通常以梅花形最为多见，复杂的还描绘有各种繁复多变的图案，还有绘成抽象图案的，如图1-11所示。

花钿主要粘贴于额头，也有贴在鬓角、两颊、嘴角、眉间等处，视其实际情况，可以贴单个，也可贴多个，清新别致，富有谐趣。

粘贴花钿的胶称为"呵胶"，相传多用鱼鳔制成，黏性极好，揭除也容易。五代毛熙震《酒泉子》曰"晓花微微轻呵展，袅钗金燕软"，可见花钿贴时只需蘸以少许清水，呵口气使之表面融化即可，揭时稍用热水一敷即下。

图1-9 饰花钿的妇女（新疆吐鲁番唐墓）

图1-10 花子饰面（敦煌榆林窟壁画）

图1-11 唐代妇女饰花钿及其图样

图1-12 于阗公主像（五代敦煌壁画121窟）

关于花钿的由来说法不一。其一说：三国时吴国有一官妻，在丈夫酒后舞剑时被误伤，在用药治疗时，因药内琥珀过多，伤口好后，留有赤痕不退，被人视为更娇艳，于是世人纷纷效仿，都以丹点颊。其二说：南朝宋武帝之女寿阳公主，卧于园中睡去，巧遇梅花落于额上，公主醒后拂去落梅，发现花色染入皮肤，经三日方洗去，而宫女们却先后效仿之，剪各色纸、箔作梅花等形状作为额饰，如图1-12所示。五代前蜀诗人牛峤《红蔷薇》"若缀寿阳公主额，六宫争肯学梅妆"，说的就是这个典故。至宋朝仍流行梅花妆，汪藻《醉花魄》吟："小舟帘隙，佳人半露梅妆额，绿云低映花如刻。"其三说：唐朝武则天很喜欢才女上官婉儿，但她曾有罪被刺过面，后在进宫时将刺痕处进行化妆处理。据说她用翠鸟翠羽做成朱凤、梅花、楼台等小巧精致的图案饰于眉间，人称"眉间俏"。三种说法的共同点都是在偶然的情况下，使面部多了红点，启迪了人的美感。古时并无外科美容术，有了面伤，难免落下疤痕，所以，用饰物掩之，真可起到"化腐朽为神奇"的作用。

第五节 面靥妆

"靥"，酒窝儿，嘴两旁的小圆窝儿。面靥就是脸上的酒窝儿；面靥妆就是施于面颊酒窝处的一种妆饰，也称妆靥。妆靥更古老的名称为"的"，汉代刘熙《释名·释首饰》曰："以丹注面曰的"。据说妇女脸上注"的"，原本并不是为了妆饰，而是宫廷生活中的一种特殊标记。当某一宫女月事来潮或有孕在身等不能接受帝王"御幸"，而又难于启齿时，只要在脸上点上两个小点即可，掌管天子后宫枕席之事的女吏见之，则不列其名。但宫人舞姬见其朱点红圆可爱，不时仿效，拿来作为脸妆，以后这种作法传落民间，慢慢地就成了一种风习，变成一种妆饰。梁简文帝诗："分妆开浅靥，绕脸傅斜红。"诗中的"斜红"是和"面靥"配套的一种妆饰。

面靥通常以胭脂点染，也有用金箔、翠羽等做成花钿形式粘贴。在盛唐以前，妇女面靥一般多作成黄豆般大小的圆点。李贺《御沟诗》"入宛白泱泱，宫人正靥黄"，我们从电视剧《大明宫词》中，可以见到太平公主就在酒窝处饰有黄豆般大小的黄色圆点。盛唐以后，妆饰进一步发展，除了材料取花钿外，形状也更丰富，有的形如钱币，称"钱点"；有的形如杏核，称"杏靥"；有的形如星月，称"月点"；还有的取花卉之形，称"花靥"。高承《事物纪原》中记载："远世妇人喜作粉靥，如月形，如钱样，又或以朱若燕脂点者，唐人亦尚之。"面靥在装饰位置上，还有在鼻翼两侧的，比原来的位置

图1-13 画面靥的妇女（敦煌莫高窟壁画）

略高。晚唐五代以后，妇女面靥之风愈益繁缛，除了施以圆点、花卉形外，还增加了鸟兽图形，如图1-13所示；还有的甚至将花靥贴得满脸皆是，我们看敦煌壁画"南唐女供养人图"中的人脸上，"薄妆桃脸，满面纵横花靥"，额间、眼角、面颊、嘴角，几乎无空处，面靥给她们增添了几分风情（图6-26）。

第六节　赭面妆

赭，是矿石赭石的颜色。赭面，顾名思义就是将脸涂成赭石色（赤褐色），这本是吐蕃妇女的妆面习俗。唐太宗时，文成公主远嫁吐蕃和亲，汉族与吐蕃的关系从此日益紧密。文成公主入藏时看不惯赭面，松赞干布曾下令妇女停止此妆饰。

唐代贞元、元和年间，妇女兴起了赭面风尚。长安五百里外已是唐、蕃的交境处，吐蕃人来长安娶妻生子者越来越多，在这种背景下赭面风气流入长安。对于我们，只能从唐诗人白居易著名的《时世妆》一诗粗浅地了解唐代这一时期的时尚流行现象。诗云：

时世妆，时世妆，出自城中传四方。时世流行无远近，腮不施朱面无粉，乌膏注唇唇似泥，双眉画作八字低。妍媸黑白失本态，妆成尽似含悲啼！圆鬟无鬓堆髻样，斜红不晕赭面状。昔闻披发伊川中，辛有见之知有戎。元和梳妆君记取，髻面堆赭非华风。

唐朝赭面妆的流行，可以说皇帝是时尚策动之源。安史之乱爆发后，肃宗借助少数民族之力平定内乱后，遂令少数民族风气内播，虽说赭面妆流行时间不长，但这种少数民族的妆饰，在短时期内以压倒优势征服了汉族皇朝京师的市民，从侧面反映了那个时代的社会走向。

第七节　画眉

中国古代妇女对于眉的修饰是很讲究的，和涂抹脂粉一样，妇女的画眉之风早在战国时期就已形成了。中国女性很早就懂得眉毛是可以拔去的，拔眉后的额部天地更宽，妆法更自由。眉的式样随着历史的发展不断变化，因而各个朝代眉式各异，即使在同一时期也不尽相同。中国古代眉妆的式样之多，世所罕见。一般来说，妇女喜细而长的眉。而汉唐两代除此之外还有较粗的眉，如汉五帝时的八字眉，唐明皇时的蛾眉、十眉，都属于短粗的一类。概括起来，历代眉式有以下几种：

一、蛾眉（阔眉）

关于蛾眉，古代文学作品中有过描述，如"蝼首蛾眉"（《诗经》），"宛转蛾眉马前死"（白居易《长恨歌》），"入宫见嫉，蛾眉不肯让人"（骆宾王《讨武曌檄》），都以蛾眉比喻年轻貌美的妇女。"蛾眉"本是蛾子头前的一对触角，后来这触角形象被用作妇女眉的式样。唐代周昉的《簪花仕女图》中，仕女眉式就是蛾眉，如图1-14、图6-13、图6-14所示。

唐代的阔眉形式多样：一种是粗蛾须状，眉头紧连，尖头秀尾。另一种是分梢眉，眉头尖细，越往后越宽，整个眉形上挑至尾处分为两端，上端呈柳叶眉状。第三种是被称为"桂叶眉"的短尖阔眉。它有两种基本的形状：一种是眉尾向上的，称"飞蛾眉""蛾翅眉"；另一种眉尾向下，略呈倒八字形，称"倒晕眉"。

长阔眉多见于初唐，而短阔眉则多见于盛唐。唐人李长吉有诗云："新桂叶如蛾眉，秋风吹小绿"，把俏丽逗人的桂叶眉之小巧可爱的形象描绘出来。玄宗时，曾有一位极受宠的妃子叫梅妃，爱描桂叶蛾眉，有诗曰："桂叶双眉久不描，残妆和泪污红绡，长门尽日无梳洗，何必珍珠慰寂寥。"为了使阔眉画得不呆板，画眉时将边缘处的颜色向外晕染，均匀过渡，称为"晕眉"。

图1-14　蛾眉

唐代妇女喜长、短阔眉，这与她们的体型、脸型有关。唐代是个富庶的社会，妇女一般均体型富态，脸面宽大，故以阔眉配之，短而尖的眉型，可以让人显得活泼俏皮、年轻。唐人在饰眉前，要"去眉开额"。即在去眉时，亦行开额，也就是妇女前额不够开阔者，要拔去额发，因拔发之处头皮青色，故以白粉敷涂妆额，称"开额"。有开阔的前额，再画上挑下竖的短眉，就不会再生局促之感。唐代妇女这一特殊的妆眉方式，后来传入日本，大行于世。

二、八字眉（愁眉、鸳鸯眉）

很早的时候，古人就认识到眉毛表达着人的情绪、意志，与人的容貌美丑有着极其密切的联系。例如，当人忧伤或烦恼的时候，眉毛会皱起来；当人诧异、快乐或愤怒的时候，眉毛会上扬；当人表示怀疑时，眉毛会斜挑而呈高低状。

八字眉又名愁眉，起源于汉代。《妆台记》中记载："汉武帝令宫人描八字眉。"到晚唐时，化妆趋于怪诞，一时有以悲、以怪为美，以病态为美。白居易诗中述"乌膏注唇唇似泥，双眉画作八字低"。八字眉、画黑唇、臃肿发式的悲啼妆就是这一时期的典型例子，如图1-15所示。不过，脸型呈瓜子状而气质娴静的女性，如配一双细而略下弯的眉，确有一种楚楚动人的风韵，该眉式直到今天仍受女性的青睐，如图1-16所示。

图1-15 八字眉

图1-16 明代八字眉

三、十种眉式

史称唐玄宗染有"眉癖"，对妇女画眉非常热衷。安史之乱以后，他失去了杨贵妃，偏安于蜀中，但仍起兴作"十眉图"，令画工一一细描出来供其宫女修眉。玄宗离蜀还都后，西蜀仍传十种眉式，其中有：

（1）八字眉（又名鸳鸯眉）；

（2）远山眉（又名小山眉）；

（3）五岳眉；

（4）三峰眉；

（5）垂珠眉；

（6）却月眉（又名月棱眉）；

（7）分梢眉；

（8）涵烟眉；

（9）拂云眉（又名横烟眉）；

（10）倒晕眉。

以上十种眉式大体都属于宽粗一类眉式，只可惜"十眉图"今已无存，其中部分眉式如图1-17～图1-20所示。阔眉是唐代妇女画眉时采用的主要形式。《后汉书·马廖传》里有一首民谣："城中好高髻，四方高一尺。城中好广眉，四方且半额。"说明汉宫曾一度流行高髻的发式和宽阔的眉式，并流传到民间成为时髦。

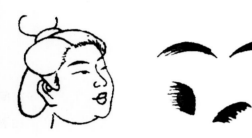

图1-17 却月眉、蛾眉（章怀太子墓壁画）

图1-18 分梢眉（永泰公主墓壁画）

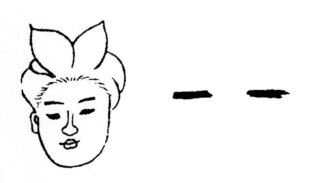

图1-19 拂云眉（永泰公主墓壁画）

图1-20 远山眉

四、细长眉

图1-21 细长眉（西安出土唐墓线刻妇女）

从出土的秦、汉陶俑、刻砖及漆器上的妇女像看，那时的眉已经是细而长。曹植的《洛神赋》有："云髻蛾，修眉联娟"，唐秦韬玉《贫女行》有："不把双眉斗画长"，六朝诗曰："柳叶分眉翠"，白居易《上阳白发人》有"青黛点眉眉细长"，《长恨歌》形容"芙蓉如面柳如眉"。这些诗句都证实自秦汉至唐都盛行细长眉，该眉式如图1-21～图1-23所示。

图1-22 细长眉（唐高昌壁画桃花美人图）　　　　图1-23 细长眉（周昉听琴图）

　　《妆台记》载三国时曹操"令宫人扫青黛眉，连头眉，一画连心细长，谓之仙蛾妆，齐梁间多效之"。隋炀帝因爱长眉，以致"殿脚女"们也争效仿长蛾眉。《西京杂记》载："司马相如妻卓文君，眉如远山，时人效之，画远山眉。"文君的长眉被名曰"远山眉"，流风余韵竟至明代而不绝。

　　盛唐以后，画眉之风更加盛行。连幼女也都学着大人的模样，描绘起眉。如李商隐《无题》诗："八岁偷照镜，长眉已能画。"至于那些贵族妇女，更把画眉看得无比重要。

　　唐代长眉的名目亦不少，包括"拂云眉""涵烟眉""却月眉""柳叶眉""远山眉"等。其中，柳叶眉在唐诗中经常出现，如张祜的《爱妾换马》"休怜柳叶眉"，韦庄的《女冠子》"依旧桃花面，频低柳叶眉"。柳叶眉以眉状细弯秀丽见长，因眉尾上挑，给女性在妩媚中平添聪敏，也成为漂亮女人的代称。"却月眉""月棱眉"据考实际上是同一种眉，它的眉形，令人想起一弯新月。"却月眉"与"柳叶眉"的区别，在于它的眉形下弯，曲线纤巧细致，弯度流畅平和，形状如一轮弯曲的明月，比起柳叶眉来更具有一种温柔秀美的感觉。唐代妇女画眉样式的演变，如表1-1所示。

　　宋代的眉式继承唐代，但风格渐趋沉静，换为一种比较内敛的秀美，短阔眉已基本被淘汰，宋人多描长眉。

　　元代的眉式作一字状，如图1-24所示。蒙古族与汉族的审美观、生活环境迥异，性情豪爽，不喜弯曲朦胧的柔美，一字眉细而平，好像用尺子画出来的，较呆板，这种眉式并不会受汉族妇女的欢迎。

　　明代至清代，弯眉、柳叶眉、却月眉以及略呈八字形的弯眉是最常见的眉式，妇女崇尚秀美，眉毛纤细且弯曲，长短、深浅变化日益减少，没有更多的创新，千篇一律缺少变化是这一时期的特色。清中后期至民国，两眉间距逐渐拉宽，给人一种开朗的印象。

图1-24 一字眉（元朝妇女）

总之，古代的女性画眉崇尚人工美，其代表便是唐代的各种眉式，其繁复别致的花样，甚至令现代人叹为观止。

表1-1　唐代妇女画眉样式的演变

序号	年代		眉式	资料来源
	帝王纪年	公元纪年		
1	贞观年间	627—649年		阎立本《步辇图》
2	麟德元年	664年		礼泉郑仁泰墓出土陶俑
3	总章元年	668年		西安羊头镇李爽墓出土壁画
4	垂拱四年	688年		吐鲁番阿斯塔那张熊妻出土陶俑
5	如意元年	692年		长安县南里王村韦洞墓出土壁画
6	万岁登封元年	696年		太原南郊金胜村墓出土壁画
7	长安二年	702年		吐鲁番阿斯塔那张礼臣出土绢画
8	神龙二年	706年		乾县懿德太子墓出土壁画
9	景云元年	710年		咸阳底张湾唐墓出土壁画
10	先天二年至开元二年	713—714年		吐鲁番阿斯塔那唐墓出土绢画
11	天宝三年	744年		吐鲁番阿斯塔那张氏墓出土绢画
12	天宝十一年后	752年后		张萱《虢国夫人游春图》
13	约天宝至元和初年	742—806年		周昉《纨扇仕女图》
14	约贞元末年	约803年		周昉《簪花仕女图》
15	晚唐	828—907年		敦煌莫高窟130窟壁画
16	晚唐	828—907年		敦煌莫高窟192窟壁画

日本受中国妆容影响，最明显的表征是眉妆。在日本人看来，面妆中最重要的一环是眉妆，为了化好眉妆，日本女性必须先修饰好自己的额头，将额际剃成⌒⌒形。用淡墨勾勒，称"额际线"，亦称"墨际"。日本的这种"额际线"，渊源出自中国。《旧唐书·舆服志》记载，唐文宗时下令禁妇

人"去眉开额"，因遭反对未能实行。去眉开额就是剃去眉毛，拓宽额部。这与《诗经》中的"蝼首蛾眉"的审美观是一致的。"蝼首"就是指额头如蝼的头部一样饱满。日本江户时代写成的《化妆眉作口传》一书，详尽地记载了当时眉化妆的各式规矩与具体程序。日本的眉妆，首要的是必须先修整额头，固定好额际线，这一工作，从幼童时即可做起，但眉的修饰，一般要过10岁以后。日本女孩到了成年以后就要将眉剃去，画上假眉，这是成人仪式的一个重要内容，往往是结婚的那一天，由母亲亲手给女儿剃，它是贞操的表征。画眉的位置比天生的眉毛要高，约在墨际下的二三分处，两眉之间的距离，约是本人的两个手指合并的宽度。常见的眉有：霞眉、莺眉、新月眉、忘忧眉等。地位尊贵的老年妇女，画"枯眉"，枯眉的位置特别高，用浅淡的墨色画出，形似草叶。身份特高的女性，还需在这淡墨的眉叶中间添画深黑的线，称为眉心，眉形的周围必画白际，以凸显眉妆。日本妇女妆眉时，以整体和谐作为最高的标准。化妆书里告诉女性，短脸、圆形的脸，要画细长的新月眉；长脸、脸盘较大的女性，眉要画得稍微粗长些。

还值得一提的是，日本平安时代在贵族妇女中有拔眉染齿的习俗。日本人剃眉画眉称为"引眉"，即把眉毛剃去再用墨画眉。染齿习俗从《枕草子》《紫式部日记》等书均有记载："着装、庆祝日，众妇人皆染黑齿、红赤化妆。"当时不仅女人染齿，连公卿和武士，也以染黑齿为美，男子元服都要染齿。染黑齿的习俗一直延续到江户时代。直到日本明治六年（1874年），政府奉天皇旨宣布"皇太后、皇后废御黛、御铁浆❶……"这才彻底告别了染黑齿的历史。

第八节　点唇

点唇，就是用唇脂一类的化妆品涂抹在嘴唇上。我国最早出现的点唇材料叫唇脂，其主要原料是丹，丹是一种红色矿物质颜料，也叫朱砂，可用它调和动物脂膏制成唇脂。唇脂有盛于器皿中的，也有做成条状的。唐代以前，多以盒贮；唐时开始出现颇类似现代棒式口红的条状唇脂。以它点唇，具有鲜明强烈的色彩效果。古代妇女的点唇颜色以大红色居多，称"朱唇"，如图1-25所示，但也有用浅红色的，称"檀口"。另外，唐代女子还非常喜欢用深红色点唇，《点绛唇》成为著名的词牌名。除了红唇，唐代还流行过"黑唇"，以乌膏涂唇。

据宋代陶穀《清异录》载："（唐）僖昭时，都倡家竞事妆唇。妇女以此分妍与否。其点注之工，名字差繁。其略有胭脂晕品、石榴

图1-25　点唇的妇女（唐代《弈棋仕女图》）

---

❶ 铁浆是染黑齿时用的一种专门的铁浆，这种铁浆是将铁屑浸入酒、茶、醋中使其出黑水，然后用羽毛、笔刷涂在牙齿上。据说，染黑齿除了使人更美，还有防蛀牙的好处。中国古代岭南地区的南方少数民族也有染黑齿的习惯。

娇、大红春、小红春、嫩吴香、半边娇、万金红、圣檀心、露珠心、内家圆、天宫巧、洛儿殷、淡红心、猩猩晕、小朱龙、格双唐、媚花奴样子。"由此可见，仅在晚唐的三十多年时间里，妇女点唇样式就出现过十七种之多。我国妇女传统的点唇样式，总体上以娇小浓艳为美。最理想、美观的嘴型，应当像樱桃般纤小、浓艳。为了达到樱桃小口的效果，妇女们利用覆盖力较强的白粉，先涂白粉，将天然的唇型掩盖，然后以唇脂描出自己喜爱的样式。唇厚的，可以改画成薄的；嘴唇大的，可以改画成小的；唇角左右不同的，可以修正为对称。当然，最重要的还是以描的小巧为时尚。所以点唇之术一直受到妇女的重视。李渔《闲情偶寄》中载点唇之法："一点即成，始类樱桃之体；若陆续增添，二三其手，即有长短宽窄之痕，是为成串樱桃，非一粒也。"历代妇女点唇样式见表1-2。

表1-2 历代妇女点唇样式

序号	时代	唇式	资料来源
1	汉		湖南长沙马王堆一号汉墓出土木俑
2	魏		朝鲜安岳高句丽壁画
3	唐		新疆吐鲁番出土唐代绢花
4	唐		新疆吐鲁番出土泥头木身着衣俑
5	唐		唐人《弈棋仕女图》
6	宋		山西晋祠圣母殿彩塑
7	明		明陈洪绶《夒龙补衮图》
8	清		故宫博物院藏清代帝后像
9	清		清无款人物堂幅

　　妆成的形状有圆形、心形、鞍形，不一而足；妆唇的红脂颜色有大红、淡红、掺金粉、粉红等。

　　五代时沿袭唐风，花样繁出；宋时名目渐少，以唇薄嘴小为美，没有了唐时的活泼丰满。明时的唇妆修饰精巧，红唇一朵，优美自然。清代用两种红色妆唇，先用浅红色描唇型，再用深红在上唇点两点，下唇点一点，唇撅起似如花蕾一般俏皮。唐朝的唇妆，不仅对后世影响很大，而且对邻国高丽和日本影响也很大。尤其是对日本，18世纪后，唇妆风行于日本列岛。日本人提倡的"樱红唇"，其颜色就是樱花开放时的那种浅淡粉红。日本人极爱樱花，以其为国色，"樱色"是日本人心目中最美的淡红色，有一种淡雅的美。这种传统的樱红唇到了明治时代渐被淘汰。

第九节　男子饰面

不要以为施脂粉化妆仅仅是女人的事，在西汉及魏晋南北朝时期男人也化妆。《史记·佞幸列传》记载，皇帝近臣皆"傅脂粉"。《后汉书·李固传》也说，李固"胡粉饰貌，搔首弄姿"，不过有些女性化。但男子化妆真正成为时尚则是魏晋南北朝时期，当时何晏是粉白不离手，时常化妆，他的行为影响了许多人，甚至皇帝也施粉黛。《北齐书·文宣纪》载："帝或袒露形体，涂傅粉黛。"颜之推描写梁朝时贵胄子弟皆"熏衣剃面，傅粉施朱，驾长檐车，蹑高齿屐"，完全形成了一种具有时代特征的装饰新潮。

西汉及魏晋南北朝时期，男性出现涂粉施朱，唇红齿白，表现得和女子一样。在中国历史上，曾多兴男宠，皇帝一患"寡人之疾"，朝廷必兴脂粉之风。汉惠帝就有好男宠之癖，有闳孺为近侍之官，敷粉施朱，形同姬妾。据《汉书·佞幸传》载："孝惠时，郎、侍中皆冠鵔鸃，贝带，傅脂粉。"可见由于皇帝的喜好，郎中、侍中这些近身之人皆粉饰容颜，虽汉朝男子有"胡粉饰貌"之举，这种现象仍作为一种不正常的现象遭到物议。然而，在南北朝时期，男子傅粉却成了一种普遍的社会风气。

魏晋时，士子们凡聚讲玄道，均手持白玉柄的麈尾，执以挥谈，加之宽袍大袖、博带高冠的身服，人人都具玉树临风之姿。士人以高标独立人格为尚，名士之风大盛，故"粉候族"的兴起并不奇怪。南北朝时，魏晋士林的风流之风发展到极致。《颜氏家训·勉学》中曰："梁朝全盛之时，贵游子弟，多无学术……无不熏衣剃面，傅粉施朱。"中原皇家贵族不学无术，萎靡不振。"粉候"是中国古代社会生活风俗中的一个特别阶段。

日本受中国文化的影响很大，特别是唐朝，中国整个社会呈开放态势，日本不间断地派遣使者学习中国的文化，举国唐化，其中当然也包括了唐代女性特具魅力的妆饰学习。日本人在吸纳唐文化的同时，也有自己独特的创造。日本幕府时代，在幕府中供职的男子和公家，剃眉画假，抹面以白，涂染黑齿。据记载，公家的男性饰眉、剃眉，眉有"坚眉""八字眉""男眉"等称谓，眉型大多呈一字形，眉毛圆润，眉尾尖锐。日本的眉妆具有表示自己身份地位的意义。明治以后，日本实行开关政策，外国人见日本男性这种特殊的妆面，非常惊讶，于是天皇下诏废除了剃眉、染黑齿的不合理化妆法，时至19世纪末此风方止。

自古以来，中国人对于胡须的修饰非常重视，因为古训教导"身体发肤，受之父母"，不得轻易毁伤，对它倍加爱护。中国人还将胡须的生长区域分为好几个部分，分别冠之以不同的名称，上唇的胡须称为"髭"，两颊的胡须称为"髯"，下巴的胡须称为"须"，如图1-26～图1-29所示。为了保持胡须的干净美观，古代男士还发明了专门的"缠须绳""缠须帛"，如图1-30所示。特别是南北朝时，士人极重饰容，长髯飘拂，气象清朗，人无不爱须者。

图1-26　武士胡须（宁夏固原史射勿墓壁画）

图1-27　胡须（保宁寺《日月年时四直功曹使者》）

图1-28　胡须（保宁寺明代男子）

图1-29　胡须（清佚名肖像）

图1-30　胡须（湖北武昌隋唐出土武士俑）

从许多图片及影视资料中，可以看到男子临死前把胡须咬在口中，免得死后散乱玷污。古人将须发视为精华，所以在特定的场合，赋予其一种人文的意义——蓄须以明志。即蓄须者可以以剃须表达自己的一种请罪姿态，而剃须者也可以借蓄须来申明自己的志愿。

胡须代表男性特有的气质，具有阳刚之美。历代皇帝的画像，无不蓄须，上唇之髭二撇下垂，颏下一部或者从左右耳下各一部，直直的疏须，疏朗有致，如图1-31所示。古代男士就有以长须为美，《三国演义》中义重如山的"美髯公"关云长（图1-32）、满脸髭张的猛张飞，都是我们非常喜欢的历史人物。历史上凡具有英雄气概的人物，往往也会渲染其胡须。

图1-31　胡须（《历代帝王图》）

图1-32 胡须（义勇武安王关羽）

思考与练习

1. 中国妆饰的萌芽期、成长期、成熟期、传承期分别是在哪个朝代？

2. 中国最古老的妆粉有两种，分别叫什么？

3. 请谈谈你对"一白遮三丑"的理解以及你的观点。

4. 为什么在汉朝以后，妇女作红妆者与日俱增？

5. 斜红妆是一种特殊的化妆造型，斜红为什么塑造成血迹模样？

6. 额黄妆有半额涂黄和满额涂黄两种，这两种额黄的晕染方法是什么？

7. 《木兰辞》中的"对镜贴花黄"，这里贴的"花黄"是什么？

8. 请解释"晓花微微轻呵展，裛钗金燕软"。

9. "面靥"指什么？"面靥妆"是一种怎样的妆饰？

10. "赭面妆"本是吐蕃妇女的妆面习俗，为何会在唐朝流行？

11. 怎样通过眉型表现喜悦、愤怒、悲伤？

12. 我国妇女传统的点唇样式以娇小浓艳为美，怎样化妆才能将天然的唇型掩盖，然后描画出"樱桃小口"？

第二章

西方古典脸妆形象

　　欧洲妆史的源头可以追溯到古埃及。史料显示，埃及人被认为是最早开始使用化妆品的。这条珍贵的史料记载于《圣经》中，《列王记下·第九章》说"耶洗别盛妆以待死"。它不但是古埃及化妆史，也是世界化妆史上的一条珍贵史料。

　　公元前4世纪，希腊的马其顿国王征服埃及后，希腊的"女友"们（高级妓女阶层）将化妆推及全身——自面、胸、臀而下及脚。公元前1世纪，全面继承了希腊文明的古罗马，出版了世界上最早的化妆专著，记叙了各种妆品的制作与化妆的方式，并第一次提出了"美容术"（广义的妆饰）与"化妆术"（狭义的面妆）这两个不同的概念。"美容术"是"装饰"的语源，具有广义的保持美丽的意义；"化妆术"则作为用白粉和胭脂来掩饰面部缺陷的专门技术用语，与今天的"化妆"意义基本相同。妆饰的发展曲折起伏，反映了各地区与各时代人们思想观念的更迭与社会风俗的变更。在意大利的庞贝城遗迹的壁画中，记录着公元前1世纪时，罗马人流行的美颜几乎与希腊人的妆扮同出一辙。

　　欧洲妆史上的古典时期是在公元6~8世纪，当时罗马贵妇们修眉染发，假髻高耸，衣袂飘飘，香风远播，形成了欧洲妆饰史上的第一个高潮。

　　公元10世纪，罗马帝国灭亡，基督教统治了西方社会，化妆被基督教斥为"娼妇行径"。教庭认为，到了审判日，女人若化妆，上帝将无法认出她们的身份，而将其误判下地狱。在此后数百年里，妆饰遭到禁止，女性不仅没有化妆的自由，而且只要是良家妇女还必须剃高额及剃眉。化妆逐渐从女性的生活中消退殆尽。脸上唯一的色彩是自然的红晕与唇红。直到公元15世纪，文艺复兴运动以横扫一切的狂飙之势在意大利卷起，整整持续了两个世纪之久，妆饰复苏。意大利的港口城市威尼斯与商业中心佛罗伦萨大量地接触了东方的香料、丝绸与妆品文化，整个社会竞相以"复古"为号召，妆饰极为浓丽。但女性仍然拥有当时流行的高额与宽额。宫廷贵妇大多将头发梳高，露出前额，化妆强调红和白两色，即使是年轻的女性，也喜欢在两颊和双唇使用丰厚的红脂。

　　公元17世纪至18世纪，是欧洲妆饰史上的发展期。由于经济的高度发展，妆饰风潮的中心渐渐转移至西欧的英法两国。时尚流行不断翻新，妆饰交替变化，由浓妆变为淡妆，由红妆变为白妆，使用粉底和颊红，还有男女都不可缺少的假发等，都是日常化妆必备的元素。甚至男性也粉面过市，这是一个充满了脂粉气息的唯美主义时代。

欧洲妆饰史上的创新时期，发生在20世纪的初叶。由于科学的发展，科技的成果被迅速地引进了化妆品制作业，同时，戏剧、舞蹈、电影艺术的传播，推动了化妆技术的创新；东西方文化广泛而直接的交流，新式化妆品的面世，使面妆从平面的化妆效果转为立体的化妆效果。

妆饰是社会文明的产物，也是社会生活的一面镜子。其发展历史的曲折性，是各个时期社会思潮的综合反映。

第一节 白妆

妆粉在欧洲的历史起自希腊。希腊历史学家色诺芬（公元前434—公元前355年）在他的著作中这样描述："她们若是在夏天外出，从面颊往下流的汗，在脖颈上留下了红色的沟纹；头发拂飘于面，而被白粉染白。"可见希腊的游女用白粉与胭脂妆面非常普及，而且妆粉很厚。这是希腊女性使用铅粉妆面的最早记录。

公元1世纪，罗马诗人嘎鲁斯说："妇女们使用了脂粉之后，使她们变得与原貌大不相同。"可见罗马人的化妆技术已达到相当的水平。除铅白粉外，他们也尝试用其他材料作妆粉。如将贝壳高温烧煮而成粉末后，集其粉尘来妆面；但此粉稍夹淡浅灰色，效果不如铅粉雪白。还有用纯白色石膏粉妆面，称"白墨"，但石膏粉颗粒粗，易脱落。

图2-1 伊丽莎白一世（1533年）

文艺复兴以后，进入了厚妆的时代。虽然铅粉有毒，女性们仍喜爱它的细白滑爽，需求量急剧上升。16世纪以后，英国的伊丽莎白女王领导化妆界"革命"；据载英国女王伊丽莎白晚年嗜白粉妆，脸上竟要涂半英寸厚的粉，以掩盖脸上的斑点与皱纹，如图2-1、图2-2、图6-6所示。

欧洲人始终没能像中国人那样制作出以米粉为主要原料的无毒妆粉。欧洲女性所用白粉的主要原料铅白和水银均具毒性，特别是用水银的升华物制成的白粉，是剧毒品。它虽然在一定程度上可以消除雀斑，但如一次性用量过多，会灼伤皮肤而留下疤痕，长期使用会出现一系列中毒症状乃至死亡。在17~19世纪近二百年时间

图2-2 文艺复兴时期达·芬奇的吉内芙拉本齐肖像

里，欧洲人一直在寻找"安全的白粉"。

文艺复兴初期，意大利有关女性美的标准讨论热烈，概括起来为：身材高挑；皮肤白而有透明感；两颊红晕；肩宽腰细；头发金黄（或淡黄）；谈吐风雅有趣而自然。由于社会普遍追求女性的白皙，因此这一时期女子面妆的特色就是突出其白嫩与光洁，特别追求使肤色变白的化妆品。

由于大量使用铅粉，在皮肤变白的同时，也造成严重的后果，因此铅粉的历史就这样被人既爱又恨地延续着。直到科学发展到19世纪的下半叶，1866年，可以正式取代铅白粉的原料亚铅华，终于被试制成功，铅白粉才结束了它在化妆粉中的历史地位。1916年，酸化钛被发现，人们惊喜地看到用它制成的妆粉比铅粉更滋润、更细腻。美国于1917年开始大量生产酸化钛，并在此基础上不断推陈出新，妆粉的颜色从白色过渡到肤色，颜色品种多，选择余地大，而且还将妆粉盛于精美可爱的粉盒中或制成粉饼。此妆粉迅速得到女性的喜爱，并以迅捷的速度从美国推向欧洲及亚洲等地区，从此人类告别了铅白粉的历史。

第二节　红妆

16～18世纪，欧洲女性的面妆皆用厚妆法。厚妆始于英国，以白妆为特色。17世纪以后，法国的厚妆异军突起，并以火红的颜色震惊了西欧。《玛丽安东妮》肖像画中清晰可见的晕红与铅白，显示了当时的化妆色彩，如图6-10所示。

法国路易时代盛行红粉胭脂妆。宫廷里的贵妇人，每人都带着装有胭脂的化妆盒。即使是年轻的女性，也喜欢在两颊和双唇使用丰厚的红脂，如图6-11所示（委拉斯开兹的《玛丽亚·德瑞莎公主》）。当时在淑女贵妇云集的社交场合，绅士们的白衬衫上总会被染上斑斑点点的粉渍、胭脂与口红，这种印迹甚至成为风流时尚。由于红妆流行，胭脂的制作大受重视，色彩、香味均有不同，据说，只要看到化妆盒里的胭脂，就可以判定其主人的身份，闻"胭脂香识女人"，与今日的闻"香水识女人"一样，如图2-3所示，右手拿胭脂盒，左手拿胭脂刷，正在涂胭脂的女子。

图2-3　正在涂胭脂的女子

法国女性在面颊、眼窝处仔细地将胭脂一层层地晕开，直至满面如醉，不但白天搽，夜间也抹。有一种被称为"威鲁沙侬"的胭脂，其色最为鲜艳，被选为宫廷专用胭脂。对于红妆的风行，一种说法是：白妆流行时间过久，引起了人们心理上的厌烦；另一种说法是：上流社会的贵妇人大多足不出户，到野外接受阳光照射的机会很少，脸色本来就显苍白，她们对白妆产生反感，认为妩媚的红色才可以增添青春的活力。

第三节 淡妆

18世纪后半期，英法诸国一扫红、白厚妆的时尚，流行起以体现娇弱、纯洁为特征的淡妆。淡妆兴起有其特定的历史背景，1789年法国发生了资产阶级大革命，革命以暴力的形式扫荡了封建时代的各种观念。在这场令社会秩序完全颠倒的革命中，毫无疑问，封建贵族所倡导的时尚也随之灰飞烟灭。贵族世界从精神到物质全部崩溃，他们不敢穿漂亮的服装，怕露出贵族身份招致杀身之祸。法国大革命后，过度的彩妆、精致的假发都销声匿迹，整个社会走向质朴单纯、平民化的生活观、宗教观。

18~19世纪的文坛，情感小说泛滥，在罗曼蒂克的氛围中，形象清纯、多愁善感的女主角形象，深深地打动了无数读者的心。欧洲的女孩差不多个个都希望自己能成为一个清纯的淑女。其具体的标准：皮肤白皙（近于苍白）；身材纤细；情感脆弱，极易下泪；动静守礼，善解人意。为了让自己的身材显得苗条瘦弱，当时的女孩普遍实行节食。上流社会孕育着一种茶花女式的风貌——白皙，甚至可以说是苍白的肤色。脸上唯一明显的器官是眼睛，女性使用眼圈墨和睫毛膏以凸显眼神，只有女演员和妓女才会使用脂粉或其他唇彩。

18世纪末起，英国取代法国成为欧洲的流行中心。此时期的化妆术保守而简洁，人们不再以华丽的饰物装点自己，女性也极少使用带有浓郁色彩的化妆品修饰面部。特别是到了有"欧洲自有文明以来最朴素的时代"之称的英国维多利亚女王时期（1839—1901年），英国经济空前繁荣，文化极度昌盛，殖民地遍及全球，帝国威望如日东升，史称"维多利亚时期"，维多利亚女王成了英国和平与繁荣的象征，如图2-4、图2-5所示。然而，女王的丈夫，也是她政治生涯中坚强支柱的艾伯

图2-4 维多利亚时代　　　　　图2-5 维多利亚女王

特亲王，于1861年不幸谢世。女王为此悲痛欲绝，在此后的数十年里，她始终服表，即使在公众的场合，她也是一身黑色，绝不更改。与此相应，女王当然也就不再化妆。英国女性尤其是上流社会的贵妇们，无不以端庄典雅为美，以遵礼守仪为重，艳丽夸张的贵妇人形象消失了。据说妇女宁愿用手捏脸颊及嘴唇来造成自然的显色，也不愿使用有色彩的化妆品，白皙的皮肤质感大受欢迎，与这样的时尚相配，女士的面妆自然是以淡雅素净为特征。除在宴会等正式场合中女士淡施脂粉、薄抹口红外，一般家居以保养皮肤使之白皙光洁为要事。

第四节　面饰

古罗马时代，罗马的贵妇们以使用黑色圆点来妆点面庞。当时罗马贵妇美容从头发饰以假髻、扑以金粉开始，到全身皮肤的修润、衣饰的配套为止，所需时间大约是整个上午。至于化妆，则描眉画目，点唇拍颊，在脖、胸、颈处画淡青色筋影，以求肤色的透明感，并在脸上贴面饰。

在文艺复兴"以古典为师"这一号召的启发下，以法国巴黎的贵族妇女为首的女性开始时兴贴面饰。当时的人还发明了所谓的"美人痣"，即是用黑纸片或布片来掩饰脸上的小瑕疵。同时期的意大利人在胸部甚或整个身体上打粉底，也会在脸上和乳房处点上假痣，如图2-6所示。诗人与小说家将这类饰物美化为"维纳斯黑子""恋爱黑子"。中国古人把这类面饰称为"面靥"或"花钿"。法国人还给黑子取了不少有趣的名称，贴在额上的称"威严黑子"；贴在眼睑上的称"热情黑子"；贴在口唇边的称"接吻黑子"；贴在颊上的称"健康黑子"；掩盖脸上疵点的称"小偷黑子"。这些黑子的形状各异，有圆形、半月形、星形、宝石形等形状。最初人们用薄绢和西班牙产的皮革作原料，将它们染成红色或者黑色，并用香料处理，后来又增加到黑天鹅绒及各色纸等，将它们剪成各种形状贴在脸上。黑子的反面，有专门的橡胶贴面。通常是左眼上方两个，右眼上方一个，但也有随个人的爱好随意贴的；若穿露肩礼服时，则在肩、腕上也饰黑子。男性亦爱贴黑子类面饰。贴黑子的作用：一是装饰美观；二是引起别人注意；三是显示皮肤白皙；四是掩盖斑点及疤痕。黑子还曾与政治有过联系，18世纪的英国，王党分子将黑子贴在左颊，中立派将黑子贴在右颊，以显示他们的立场。

16世纪黑子面饰初兴于法国，17世纪后在西欧大为流行，一直到18世纪这一时尚才逐渐消失。

图2-6　痣的含义因痣的所在部位不同而异

第五节 面罩

16世纪的英、法诸国女性，不但流行黑子饰面，还流行戴面罩，即假面。

面罩是人们外出旅行或乘马时，为防止强烈阳光辐射以及风沙侵袭而设计的，如图2-7所示。出于这样的功能，面罩做得非常大，可将整个脸及头颈都遮挡住。后来，人们渐渐发现若将面罩做得美观好看的话，不仅可以遮阳挡风，还可以起到增加女性神秘感的装饰效果。特别是17世纪，那些整日白妆、以铅粉饰脸的女性，希望面部皮肤能暂时得到休息，只能借助面罩来会客与出门。同样，对那些面部有雀斑和麻点的女性，频繁用白粉掩盖也不是个好办法，精美的面罩给她们增添自信。大量使用铅粉可造成中毒的严重后果，迫使欧洲人不得

图2-7 欧洲15世纪女性骑马旅行时用的面罩

不在这个问题上自我反省，并采取相应的措施。戴面罩就是在这样的环境下流行起来的。

初时的面罩较大，作为面饰后，变得十分轻巧精美。面罩的式样有全遮面和半遮面，如图2-8所示为半面罩。面罩的表布一般均用颜色漂亮且名贵的天鹅绒、琥珀织、双面绸等材料；面罩的衬里则用薄绢或柔软质薄的皮革平伏地精缝。面罩非常轻软，缝制时必须完全按各人的脸型尺寸制作，才能戴得妥帖，否则佩戴时会皱起来如图2-9所示。一般面罩的内侧在嘴处有一固定装置——纯银或骨质的小挂钩，这种小挂钩的角度很精确，恰好能嵌进牙中，以使面罩贴在脸上，且不妨碍谈话。可是这

图2-8 伊丽莎白时代的半遮面面罩

图2-9 面罩按各人的脸型尺寸制作

种面罩对于牙齿缺损的老年妇女就无法适用了，需要改进。到18世纪时，面罩的贴面装置有了改进，挂钩换成了襻纽，落点从牙齿转到了耳朵，将面罩的襻纽套在耳朵上，这样既舒服又不会掉落。

第六节　画眉

一、古埃及眉式

眉妆起源于埃及，古代埃及人非常重视眉眼的修饰。埃及化妆的巅峰时期大约在古埃及王朝时期，当时埃及人的眼部化妆艺术十分精致，她们用黑墨将眉毛描画得又黑又粗，并修饰成优美的拱的形状，如图2-10所示，我们从公元前1360年埃及诺菲蒂王后像的眉妆，可以看到古埃及女性喜欢将眉画得浓而长，与她们涂了黑、绿色眶的眼睛相配，十分和谐。

古埃及人画眉的材料有赭土、酸化铁、孔雀石末、珪孔雀石、绿青色铜矿石、黑色酸化锰、黑色酸化铜等。将这些材料研磨成粉后加入油脂，再给眉毛上色。画眉使用外形细长的棒状工具，与现代人用的眉笔较接近。每天画眉较繁琐，而且颜色易脱落，古埃及人发明了染眉毛的着色方法，使眉毛变得浓黑，遇到刮风下雨，也不易马上褪色。

图2-10　公元前1360年埃及诺菲蒂王后像的眉式

二、古希腊眉式

希腊人向埃及人学习化妆技术，并在此基础上发展得更加精致。但在希腊古典时期，妇女并不化妆。荷马说："上帝不参加到人们爱打扮的行列中"，所以妇女婚后则不允许梳妆打扮。古希腊化妆的主要代表是"赫泰拉"❶，她们对化妆非常重视。古希腊人喜欢两眉间距小的女性，女性用尖针蘸黑烟煤描黑，眉头画得弯而且相互接近，聚集在鼻根处，眉型弯如弓背，线条流畅，痕迹重，但不纤细，与古埃及女性的眉型相比，更显自然，不那么生硬。如图2-11所示，这尊公元前530年左右的头像，虽然已残缺，但眉眼仍清晰可辨。古希腊的陶杯外表画像记录了古希腊眉式，如图6-16所示。

图2-11　公元前530年左右的希腊女性的眉式

❶ 希腊语"赫泰拉"(Hetaira)，意思是"女友"或"谈话者"。她们要受专业的训练，大多头脑聪敏。她们都是以声色技艺处世的专职女性，或在吹笛、舞蹈之外，能诗会文。实际上，也就是舞女、妓女性质兼而有之的风尘女子。

三、古罗马眉式

古罗马时，妇女面部化妆已很普遍，如图2-12所示，从这尊塑于公元1世纪的头像中，可见古罗马女性的双眉长而挺秀，自然而和谐，与现代女性（西欧）眉妆效果非常相似，与古埃及、古希腊眉式一脉相承。古罗马人眉式同样继承了长眉、浓眉、眉间距窄的特色。古罗马人的妆饰仍然强调眼部，很显然是受到希腊与埃及影响的缘故，她们喜欢用墨黑的色彩来画眉和睫毛，使自己看起来更显得浓眉大眼。古罗马肖像画记录了古罗马眉式，如图6-17所示。

图2-12 公元1世纪古罗马女性的眉式

四、近代欧洲眉式

中世纪以来，受教会压制，化妆之风一度沉寂，直到14世纪文艺复兴意大利式化妆才风靡欧洲。我们可以从那个时期的小说及绘画作品中看到，人们的审美标准是在宽阔的额头上，描画出纤细弯弯的长眉，眉尾稍向下垂，取希腊妆饰的倾向十分明显，如图2-13所示。

16世纪以后，人们开始觉得两眉间距太近并不好看，于是摒弃古典的长弯眉，纤细秀媚的眉型（如中国的却月眉）逐渐占了上风。欧洲人认为眉间距离拉开，更能显出女性聪慧和开朗的气质，如图2-14所示。当时人们以漆黑闪亮的眉毛为美，为了拥有这样一双有光泽的秀眉，欧洲女性使用各种营养剂洗眉、染眉，使眉变得更加黑亮。进入20世纪以后，对于赶时髦的人来说，脸面是外表的重要部分，随着眉笔、拔眉器的相继出现，女性常常修饰眉毛，有时还彻底地拔除眉毛，再描画成另一种眉的形状；眉色也不再唯黑为美，而逐渐趋向与眼、唇的色彩相匹配；眉形的表现形式变得更加自由，但仍然以长眉为主。

图2-13 14世纪文艺复兴时期纤细弯弯的长眉

图2-14 16世纪拉开眉间距离的眉型

第七节　饰眼

眼部化妆的艺术为埃及妇女首创。埃及人用绘画记录了他们著名的眼部化妆技术，从第五王朝至最著名的第十八王朝、第十九王朝及第二十王朝，埃及的古墓与壁画上的贵族男女，均有着一双大大的杏仁形眼。埃及人用黑墨画出包覆式的上下眼线，并将眼尾拉长画至太阳穴，剑眉入鬓；这种化妆形式都清楚地传达了埃及化妆的流行趋势。女子黑而弯的眉下，一双眼睛被黑眼眶映衬着，显得炯炯有神，威严尊贵；其眼裂部分向鬓部斜挑上去，并用黑色妆成一个秀美的尾端。

古埃及人涂画眼妆，民俗学者认为，原因之一是古埃及人对人因患病而死亡无法预防与抵御，认为人的死亡是邪魔附体之故。古埃及人认为魔鬼会从人的身体上有洞的地方进入，为了吓退邪魔，人们用黑炭、赤矿等自然物的浓重颜色，将眼、唇、耳等涂黑、涂红。原因之二是古埃及地处东北非，该地区阳光耀眼，紫外线强烈，眼睛受汗水浸渍，虫蚋成群，极易患眼疾，为了保护人体重要的器官——眼睛，人们筛选出各种各样对眼病有效的矿物和植物，并将它们制成汁或粉，滴在眼内或涂在眼眶边，所以涂眼眶的初衷是出于对生命与健康的保护。据记载，在古埃及，绿色的孔雀石被认为是最好的眼药，从图6-87～图6-89中可看到古埃及人的眼皮上大都涂着绿色，还有涂成蓝色、金色、黑色、灰色的。

古埃及人创造的这种眼妆，涂画方法是：上眼线从眼头开始，慢慢地弯过眼的中部，然后顺势向下，到眼尾处略向上舒展。下眼线亦从眼头开始，掠至眼尾时，眼线再往外延，并与上眼线会合。眼线内涂满黑色后，整个眼睛就增加了约1/5的长度与相应的宽度，且整体的形状上斜，给眼睛增添了一种秀气。此外，她们又选用自己喜爱的色彩，在上眼帘与下眼窝处妆出美丽的色彩来。这种饰眼法受到了世界各地女性的喜爱，并成为后世戏剧舞台眼妆的基本造型。

与古埃及女性同样，希腊女性喜欢借助妆品，把自己的眼睛画得又大又亮。在古希腊人的审美观中，眼睛是美的最高体现。古罗马人用武力征服了古希腊，但在精神与文化上，又完全被希腊人所征服。当时所有的罗马女性，眼眶涂着黑色的眼晕，睫毛洒上金粉，特别值得提出的是她们特别喜欢用藏红花为原料提炼出金色与金红色的颜料涂画眼盖，与头发、睫毛上的金粉交相辉映。

到了中世纪，随着教会对化妆的严厉禁止，纯黑的眼妆亦被取消。文艺复兴以后，眼睛的美丽重新受到重视，特别值得提及的是一种令双眼熠熠闪光的滴眼液——神奇的"贝拉得那"，竟是欧洲人对眼睛使用的一种类似于兴奋剂的毒品。这种毒品意大利语叫"贝拉得那"（Belladonna），意为"美的秘方"，而英语的名称为"致死的毒茄子"。它是一种生长在南欧的茄科有毒植物，用它的叶和根作原料，绞出汁液后制成滴眼液盛于瓶中，用时以鸟羽沾取一小滴，对准瞳仁轻轻滴入眼里。这种毒液能使眼神经迅速兴奋，让瞳仁闪烁晶亮，眼白发青，眼睛会变得清澈透明、妩媚动人。但在美丽的背后同时发生着一场场悲剧，这种滴眼液用多之后，由眼波及脑和心脏，会出现脉搏加快，瞳孔放大，皮肤起皱，口干舌燥等症状。如果一次大剂量使用还会致使双目失明。在科学家的极力反对并呼吁下，18世纪以后这种滴眼液终于退出了化妆品行列。

眼影粉与眼影膏出现在19世纪，由法国人首先推出，最初由于造价极高，一般人使用不起。欧洲人的眼妆一直保持着它涂黑的特色。民间女子用煤烟画眼，方法为：煤烟灯多点几个芯，以小盘覆其焰上，将袅袅而散的黑烟收在盘底，久而久之积累一层厚厚的煤烟，然后将其轻轻刮下盛于盒中，使用时用骆驼毛搓成的毛棒蘸之，饰眉和眼。这种妆品的制法与中国明清时的"画眉集香丸"基本一致，所不同的是，中国人所用油料为麻油，取下黑烟后再加入香料和油。如果与此比较，19世纪以前，中国的妆品制作技术远远领先于欧洲。可是在中国古籍的记载中，谈到眼妆的几乎没有，中国古代画眉之风极盛是众所周知的，而对眼部的妆饰不太敏感。

18～19世纪，欧洲人对睫毛美的评判标准是：睫毛应长长地从眼缘平伸出来，睫毛上翘；毛浓而色亮，有丝绢般的光泽。女性们用橄榄油掺和黑色颜料，涂到睫毛上，凝固后睫毛显得又黑又长。假睫毛的运用远在罗马帝国时代就已开始，至中世纪时失传。20世纪初叶，随着戏剧舞美技术突飞猛进的发展，眼妆进入了一个新的阶段。第一次世界大战之前，英国伦敦上演了当时代表芭蕾舞表演最高水平的俄罗斯芭蕾。芭蕾舞演员的眼妆，特别是那长长的假睫毛，迷倒了无数的闺秀名媛。于是，人们在晚宴时开始模仿，使用的妆品是眼膏、眼影与睫毛油。第二次世界大战以后，东方色彩的舞剧再一次风靡伦敦，大胆的妆法与美艳的形象使妇女群起效仿。特别是20世纪四五十年代以后，以好莱坞的电影女演员为先锋，她们涂眼影膏，戴假睫毛，用眼影粉的深色描画眼的轮廓。其后，女性在面妆中对眼部化妆的精心与讲究的习惯从此养成，如图2-15、图2-16所示。

图2-15 20世纪30年代好莱坞"性感派"时尚女星珍·哈露（Jean Harlow）

图2-16 20世纪30年代知名影星玛琳·黛德丽（Marlene Dietrich）

第八节　妆唇

　　东西方的美人标准在口唇上体现了较大的不同。中国自古以来，无论唇妆式样有多少变化，总是崇尚"樱桃小嘴"，整体趋向是改大嘴为小嘴，虽不喜厚唇，但也鄙视薄唇，以丰满适度为美。而在西方，则强调口唇的夸张效果，从罗马尼禄皇帝之妻波普娅开始，到14世纪的意大利化妆风习，无不以口唇的鲜艳性感为最高的美。初起之时，不论东方还是西方，颊红与口红并没有严格的区分，既以敷面，又以画唇。人们承认西方的描眉涂眼都学自埃及。有一部分学者认为埃及女性是妆唇的；也有一部分学者认为在埃及人眼里，妆唇可有可无。现存于世的出土实物及文献中，有关于妆唇的痕迹及记载很少。学者们还认为埃及女性不注重妆唇。其原因是埃及人不懂得接吻，她们没有意识到嘴唇对于异性的特殊魅力，她们只是充分地运用了眉目传情的效应。持这种观点的人的根据，来源于埃及女王克利奥佩特拉与罗马安东尼的一次国际婚姻的有关记录中。

　　希腊人除继承了埃及的描眉涂目以外，又善敷粉妆唇，这不得不归功于"赫泰拉"的积极运用与发挥。据古代文献记载，希腊人使用的红色颜料，取自红色海藻、地衣、桑椹等植物与辰砂等矿物性材料，此外尚有紫贝等。其中，以辰砂的颜色最为鲜艳。到了罗马时代，唇妆极为流行。罗马女性口唇美的标准是，曲线分明，唇薄而小巧。罗马时期，还出现了专门的美容教科书，书中写道："无论什么样的女性，都可以通过人工的方法，使自己容颜上的缺陷得到弥补。"另有一件罗马时期有关唇妆的风流轶事至今仍鲜为人知，据说罗马皇帝尼禄的王后波普娅发明了一种口红爱情游戏，她将口红涂好后与丈夫接吻，可以把红唇的整个形状完整地印在这位皇帝丈夫的口唇之上。

　　中世纪时，鲜艳的口红消失达几个世纪之久。文艺复兴不仅在艺术史上具有重大的意义，对化妆艺术来说也具有中兴之意，沉寂了八个世纪的化妆术，终于在14世纪渐渐苏醒。意大利式的鲜红唇妆在15世纪后传到英、法等国，厚妆风习首先从王宫开始流向民间。受到当时艺术界所提倡的人体黄金比例概念的影响，美人的条件是：椭圆形脸、尖挺的小鼻、完美的圆拱形眉，唇宽与鼻齐，完美的唇型其上下唇的比例必须是一比一，或下唇占三分之二，上唇占三分之一。当时的化妆有"三黑加三红"的原则：三黑是眉毛黑、眼线黑、睫毛黑；三红是唇红、颊红、指甲红。然而，所谓的三黑三红又要求极其自然，也就是皮肤要透明白皙，而红要像刚喝了酒般的自然红润；黑也要浓淡适中。到了16世纪，甚至男士也涂白粉、描口红。到了17世纪，法国路易王朝的火红妆达到了顶点。当时贵族的妆扮如同戴着面具极为不自然，过度白皙的肤色，嘴唇和双颊涂上粉红色或橘黄色的鲜艳化妆品，眉毛经过刻意的修饰，使其看上去就像木偶。到19世纪下半叶，在维多利亚女王的带领下，那个时代人人以纤弱秀气为最高的美，取而代之的是文静娴雅的淑女妆，所以口红也换为淡色。

　　在1915年出现了棒式口红，由美国人用动物的脂肪加上石膏粉以及各种深浅不一的红色染料制成。这是世界唇妆历史上的一次革命，棒式口红大受美国以及欧洲妇女的欢迎。德国于20年代运用合成染料技术来制造口红，口红突破了红色的限制，有了咖啡色系、橙色系等。至20世纪30年代后，口红加了光亮剂和着色料，附着力与色彩都大大强化，如图2-17所示。出入于电影院、咖啡馆的女士可以公然取镜描眉画目。1948年，英国人又发明了唇线笔，使喜爱漂亮的女性，人人都可以轻而易举地得到曲线分明的可爱红唇，女性的口唇从来没有显得如此美丽。过去对嘴唇的要求是鲜红而薄，到了近代尤其是第二次世界大战以后，西欧风行大嘴妆，以嘴型大、嘴唇厚、曲线分明为美，认为这样的嘴富有女性的魅力。性感的口唇妆在历史上曾有过一次最新奇的妙用，那是在第二次世界大战时，女兵即使身处前线，闲空时也仍然不忘涂红口唇（图2-18），这得到了男兵的热烈欢迎。该做法被军部予以推广，认为是提高军队战斗力的一个极好方法。

性感的口妆也渐渐地影响到亚洲地区，使亚洲地区的女子涂抹口红原则发生了极大的变化，此风延绵至今。

图2-17 美国20世纪著名的电影演员玛丽莲·梦露（Marilyn Monroe）　　图2-18 女星薇若妮卡·蕾克（Veronica Lake）

第九节　男子妆脸

中国的西汉及魏晋南北朝时期，男性施朱涂粉，唇红齿白。欧洲也有过同样的经历，16世纪，意大利风格的装饰美容风潮席卷西欧，当时男性也趋之若鹜。男性戴卷发，扑香粉，整容修饰，甚至可以见到敷红粉画眼圈的男子招摇过市，男性的穿着打扮放荡不羁。16世纪，以法国巴黎贵妇为首的女性，效仿古罗马时代贵妇使用的黑色圆点妆点面庞的做法，开始时兴贴面饰；17世纪，黑子面饰普及西欧各国，黑子面饰不仅女性爱贴，男性亦爱贴，如图2-19所示，脸贴面饰的杂货店伙计（男性），右手拿的是一个假面面罩。黑子装饰还有过一段与政治发生的联系，18世纪时，英国的政

图2-19 17世纪脸贴面饰的杂货店伙计
（男性）

图2-20 16世纪欧洲男人胡须图例

治人物为申张他们的主张，王党分子在左颊贴黑子，中立派在右颊贴黑子，反对王党的清教徒们什么也不贴。清教徒提倡清廉质朴，在会议上提出"禁止黑子案"，结果没有被通过。

17世纪，男子装饰与女子相比有过之——身穿满身花边的衬衣和紧身燕尾服，脚着头方跟厚的系花高跟鞋，头戴蓬松垂肩的假发，涂脂抹粉，佩戴珠宝，使用扇子和手套，装饰之精美，令人叹为观止。封建贵族的这些浮华习气，到了18世纪后期，随着欧洲资产阶级革命的掀起被一扫而光。然而作为男性标志的鬓须修饰，却始终受到人们的关爱，构成了男性美的重要组成部分。

世界上最早的刮胡子工具剃须刀，在四千多年前已由古埃及人用金铜合金制成。从金字塔发掘出土的刀片，依然锋利。由此可见，古埃及男性很重视对胡须的修饰，但是古希腊和古罗马人却没有继承古埃及的传统。我们从许多历史资料的图片中看到，古希腊男子和古罗马男子个个宽袍大袖，鬓须浓密，因为他们认为胡须是男性成熟与威严的标志。虽然古希腊和古罗马人反对剃须，但也不让胡须自由生长，他们提倡对胡须的修饰，注意胡须的清洁。公元3世纪至公元4世纪，罗马人还将第一次剃须作为男子成人的仪式，与中国古代蓄须历史相似。胡须是正面形象及俊美的象征，中国皇帝似乎无不蓄须，欧洲宗教人物耶稣也都蓄着胡须，只是中国男性的胡须不如欧洲男性那般浓密。

16世纪的欧洲，随着化妆风潮的涌起，饰须之风很快吹遍了西欧。男子有的将唇须修剪成一字；有的将唇须修剪成八字；有的将胡须梳理成绕脸一圈；也有标新立异者，将唇须的左侧蓄修成一字形，右侧却剪成极短。当然也有不蓄唇须的，形态各异，如图2-20所示；但大多数是连鬓卷胡，唇须是漂亮的八字式样，看上去显得成熟和威严。

到了17世纪，欧洲男性审美观发生了很大变化，尤其是英国人，绅士的仪表特征是雪白的衬衣，光亮干净的脸颊，温文尔雅的谈吐举止。这个时期欧洲人以钢作刀片，以银、象牙或木材作刀柄，制作出凹面双刃剃须刀，这种刀在西欧得到了广泛的应用。即便留须，也很注重胡须的修剪、清洁和保养，一般不蓄绕面的连鬓胡，只在上唇或在下巴处将胡须留在一定的长度上，时常用油等护理品将梳理修剪好的胡须加以护理固定，非常齐整，一丝不乱。喜爱和崇尚蓄须的男性，用手拿捏和抚摸着修整得很好的胡须，显得十分矜持和自豪，如图2-21所示。

进入20世纪以后，虽然留须者大有人在，但受现代人卫生观念的影响，现代剃须工具使用起来方便快捷，绝大部分男性养成了天天剃须的习惯。胡须长了，便会藏污纳垢；胡子蓬松散乱，也影响外观。

图2-21 17世纪欧洲男人胡须图例

思考与练习

1. 希腊语"赫泰拉"与我国战国时期的"游女"分别指怎样的女性？

2. 公元前1世纪，全面继承了希腊文明的古罗马，出版了世界上最早的化妆专著，并第一次提出了"美容术"与"化妆术"，请分别对"美容术"和"化妆术"进行解释。

3. 基督教统治的"中世纪"，为什么西方社会长达百年禁止女性化妆？

4. 文艺复兴时期，意大利有关女性美的标准是什么？

5. 文艺复兴时期，欧洲男女贴"黑子"有什么作用？

6. 古埃及人为什么要涂画眼妆？涂画的方法是怎样的？

7. 文艺复兴后，一种令双眼熠熠闪光的滴眼液"贝拉得那"，为什么被称为"致死的毒茄子"？

8. 文艺复兴后，妇女化妆有"三黑加三红"的原则，指什么？

9. 欧洲妆史上的发展期是在什么时期？为什么？

10. 欧洲妆饰史上的创新时期，为什么发生在20世纪的初叶？

第三章
Chapter Three
化妆形象修饰技巧

妆饰史上的革命发生在20世纪初。当时，科技成果被大量引进到化妆品的制作领域，各式各样的基础化妆品及彩色化妆品不断涌现。现代化妆品给人们的生活增添了许多梦幻与戏剧色彩。

化妆品分两大类：一类为基础化妆品（称保养品）；另一类为色彩化妆品（称彩妆品）。

人们选择基础化妆品，通常有四个目的：

（1）为了清洁皮肤；

（2）为了取代皮脂膜；

（3）为了保持水分；

（4）促进皮肤的新陈代谢。

每一种基础化妆品都有它特殊的性质，至今为止，还找不到一种基础化妆品能适合所有的人。当选择使用基础化妆品时，要明白使用它是要达到哪一种目的？只有了解自身的需要，认识化妆品的特性，才能正确选择和使用。

用于修饰的色彩化妆品，在选用时不仅要考虑肤色，还应根据年龄、场合、服装色彩等不同因素加以调整。可购置粉底、唇膏、眼线笔、眉笔、眼影等常用的色彩化妆品。日妆可薄施淡抹，晚妆可浓艳一些。青少年一般不宜选用粉彩去覆盖天然的肤色，健康自然的肌肤才是最美丽的。

正确的化妆，还需要对自身的皮肤性质（简称肤质）有所了解。肤质是由角质层的含水量及皮脂的多少决定的。

皮肤的性质不是一成不变的。年龄的增加是使肌肤改变的重要因素，如一个人年轻时是油性皮肤，随着年龄的增长，内脏器官功能逐渐衰退，皮脂分泌减少，可能变成干性或其他类型皮肤。还有气候、饮食、生活环境、身心健康等也是改变皮肤性质的因素。气候炎热，即使是干性皮肤到了夏天也可能变得油腻，常吃油腻食品，皮脂分泌也会增多。所以根据皮肤不同时期的不同特点选择和使用化妆品是非常重要的。

皮肤性质大致可分为五种类型：油性、干性、中性、混合性、敏感性。

油性皮肤，汗孔、皮脂腺孔经常维持开启状态，皮脂分泌过多，皮肤孔大，肌肤粗糙，所以油性皮肤的人皮肤油腻，保持皮肤清洁至关重要。皮肤出油，化彩妆后容易脱妆，在化妆前需使用收缩水收敛皮肤。

干性皮肤，汗孔、皮脂腺孔细小，皮肤肌理细，皮脂及水分分泌不足，由于干性皮肤缺少水分和油脂，比其他皮肤容易衰老，因此干性皮肤的人保养比清洁更重要。皮肤干燥，化彩妆前需用油性护肤品滋润皮肤。

中性皮肤，不粗不细，不干不腻，水分和油脂含量恰到好处，皮肤光滑富有弹性，属于理想的肤质，但是错误地护理皮肤，也可能使中性肌肤发生改变。

混合性皮肤，水分、油脂分泌不平衡，额、鼻、下巴油腻，而面颊又呈现中性或干性，这种皮肤的人比较多；冬天皮肤干燥，夏天皮肤油腻，所以混合性皮肤的人既要注意清洁又要注意保养。

敏感性皮肤，表皮很薄，透明，依稀可见脉络，易脸红，对化妆品很敏感，化妆品使用不当，容易出现化妆品皮炎，所以此类皮肤应注意减少刺激。彩妆用品会对皮肤产生刺激，敏感性皮肤慎用。

第一节　彩妆用品及用具的选用

在化妆之前，首先需要了解化妆用品及用具。化妆时，人们在根据自己皮肤的状况选择相应化妆品的同时，选择合适的化妆用具也同样重要。了解和掌握化妆用品及用具的使用，往往可以达到良好的化妆效果，事半功倍。

一、彩妆常备用品

1. 护肤品（图3-1）

护肤品主要有霜膏、乳液、冷霜、水剂等，用以保护和滋润皮肤，减轻彩妆品对皮肤的刺激。通常，干性皮肤选用霜膏，中性皮肤选用乳液，油性皮肤选用水剂。许多人在化妆前使用收缩水，使皮肤收敛，减少油脂、汗水的排出。清洁霜用于卸妆时使用。

图3-1　护肤品

2．粉底（图3-2）

粉底是最为常用的修饰皮肤底色的化妆品。根据油脂、水分以及色粉等的不同比例配制而成。主要有粉型粉底、液体粉底和膏状粉底，应根据不同的肤质和肤色来选择。它可以调整皮肤的色调，掩饰皮肤的斑点，使肌肤更加细腻润滑。

3．化妆粉（图3-3）

化妆粉有不同的颜色和不同的香型。分为粉状、块状、液体和粉纸四个品种。化妆粉一般用来扑在粉底上面，能抑制粉底的光泽，形成柔和细密的妆面，起定妆作用，但化妆粉使用过量，会吸去皮肤表皮的水分和油分，使皮肤干燥成皱。

4．眼影色（图3-4）

眼影色有块状眼影、粉状眼影、膏状眼影和眼影笔等几种。眼影色是修饰面部轮廓及色彩的一种化妆品，色彩丰富。眼影粉呈块状，含油脂少，用刷子或海绵棒涂于眼睑及鼻窝部，使用简便。眼影膏用油脂、蜡和颜料配制而成，用指尖轻轻涂抹，涂后有光泽、滋润的感觉，可用于有皱纹的眼睑。眼影笔呈笔状，搽眼影需用棉花棒调匀颜色。

图3-2　粉底液

图3-3　化妆粉

图3-4　眼影色

图3-5　睫毛膏

图3-6　胭脂

5．睫毛膏（图3-5）

睫毛膏一般为膏状，也有液状，有黑、棕、蓝、灰等色，是一种美化睫毛的化妆品。睫毛膏带有螺旋刷，在睫毛上刷了睫毛膏之后，睫毛颜色变深，既黑又长，眼睛更显神采。

6．胭脂（图3-6）

胭脂有块状、粉状、棒状、乳液状之分，是用来修饰面颊的化妆品。涂胭脂能给面颊增添色彩，使人看上去红润艳丽，还可以起到塑造面颊结构的作用。

7. 唇彩（图3-7）、唇釉（图3-8）

唇彩俗称口红，有棒状、笔状、软膏状之分。最常用的是膏状唇彩，又称唇膏。唇彩用于改变唇色或滋养口唇的化妆品。唇彩颜色颇多，有深红、大红、紫红、玫瑰红、粉红、桃红、棕色等可供选择，还有无色和变色唇彩。

唇釉又称为光泽唇膏，装在小瓶或塑料管中，并备有涂抹用的海绵头。在涂好口红之后使用，或者直接涂在嘴唇上，能使唇部光亮艳泽。

图3-7 唇彩　　　图3-8 唇釉

8. 假睫毛（图3-9）

假睫毛有人工睫毛、合成塑料睫毛之分，固定在柔韧的梗条上。假睫毛的长度和密度各有不同，可根据需要进行选择。使用时，将专用假睫毛胶水涂在梗条的背面，如图3-10所示，然后粘在眼睑睫毛边缘。贴上假睫毛后，睫毛变得更长更美。

9. 睫毛胶（图3-11）

用于粘贴假睫毛的胶水，有白色胶水和黑色胶水两种。

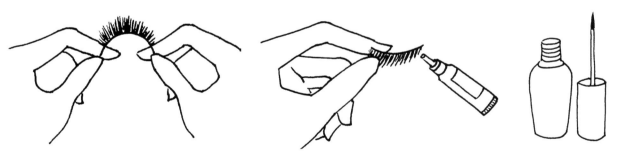

图3-9 假睫毛　　　　　图3-10 涂睫毛胶　　　　　图3-11 睫毛胶

10. 美目贴

用于粘贴双眼皮用。有双眼皮贴、双眼皮胶、双眼皮线。如图3-12所示，磨砂雾面胶带，用剪刀剪出下边缘直线，上边缘是自然的月牙弧度，长短根据眼型长度来决定。适合眼型的宽度一般不能超过三个排气孔，贴于双眼线处。

图3-12 磨砂雾面胶带、剪刀、镊子

二、彩妆常备用具

1. 镜子（图3-13）

镜子是化妆时必不可缺的工具。照镜子，是为了看清楚自己的面容，便于准确、生动地美化自己的容颜。

2. 粉刷（图3-14）

准备两把粉刷，一把用于涂白粉，一把用于涂腮红。涂白粉的粉刷，笔锋较宽，涂刷时面积较大，能快捷地使白粉散布均匀。也可以不用粉刷而用粉扑

图3-13 镜子　　　　　　　　图3-14 粉刷

涂粉。用于涂腮红的胭脂刷相对窄些，便于局部涂饰。粉刷用羊毛或兔毛制成，质地柔软。

3. 狼毫化妆笔（图3-15）

准备狼毫化妆笔3支，1号（或2号）笔用于描眼线；3号笔用于涂口红；4号笔用于涂亮色，如鼻梁、唇边等。狼毫有弹性，笔锋坚挺，便于刻画细部。

4. 眉笔及唇线笔（图3-16）

眉笔是用于描画眉毛的软铅笔，常用色有黑灰、棕、深蓝等色。唇线笔是用来描画或修改唇型轮廓的彩色软笔，在上唇色前使用。唇线笔的色彩和种类较多，选择唇线笔的颜色应配合口红的色彩，以与口红协调为宜。

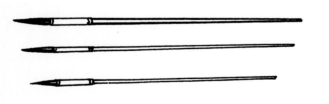 

图3-15 狼毫笔　　　　　　　　　图3-16 眉笔和唇线笔

5. 化妆粉扑（图3-17）

可用海绵或消毒棉花制成一定规格的粉扑。粉扑质地柔软，皮肤触觉好，供化妆时打底、晕涂或卸妆用。

6. 眉梳及眉刷（图3-18）

现在比较常用的是将眉梳及眉刷融为一体的专用工具。眉梳是塑料齿，形似小梳子，用来梳顺眉毛或睫毛。眉刷由细尼龙丝制成，形似小牙刷，用来理顺眉毛。用眉刷刷眉还能使画的眉与本身的眉过渡自然。

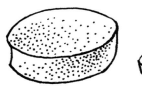

图3-17 粉扑

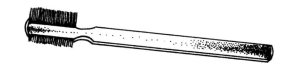

图3-18 眉梳及眉刷

7. 睫毛夹（图3-19）

用来卷曲眼睫毛的工具。它是用金属、橡皮或聚四氟乙烯制成的发剪状器具。操作时，必须从眼睫毛的根部、中部、端部各个角度加以弯曲，如图3-20所示，可使睫毛向上卷曲，优美动人。

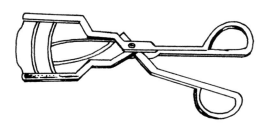

图3-19 睫毛夹

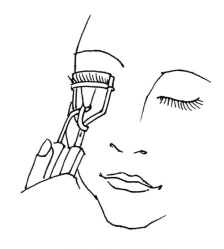

图3-20 夹卷睫毛

8. 化妆纸（图3-21）

用于擦笔、吸汗、卸妆、净毛等。化妆纸应选择柔软的卫生纸。

9. 棉签（图3-22）

化妆时用于擦净细小局部的理想材料。如化妆时不小心弄脏了妆面，便可用棉签擦干净。

图3-21 化妆纸

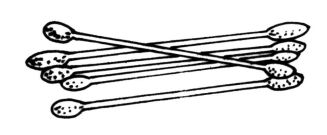

图3-22 棉签

10．眼影刷（图3-23）

画眼影时所用工具。形似笔状，笔头用海绵或软毛制成，触及皮肤细腻柔软。

11．拔眉镊子（图3-24）及刮眉刀（图3-25）

用于修整眉型的金属小器械。镊子有圆头镊和尖头镊，可根据个人爱好和使用习惯选购。使用时只能一根一根地拔眉毛，拔掉眉型边缘散乱的眉毛。镊子松弛后就不能再使用。另外，镊子还可作为镊拿的辅助工具，如装假睫毛时，可用镊子夹住假睫毛，涂上睫毛胶，然后贴在眼睫毛根处。

刮眉刀使用时用手将皮肤绷紧，刀刃与肌肤维持角度20°～30°，轻轻刮剃。当刀刃钝了就不能再使用了，以免刮伤皮肤。对于不善于使用刮眉刀的女士，保险的做法是选择拔眉镊子。

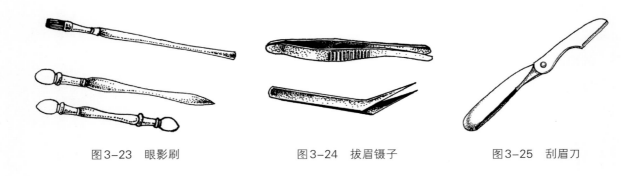

图3-23　眼影刷　　　　　　图3-24　拔眉镊子　　　　　　图3-25　刮眉刀

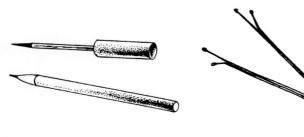

图3-26　眼线笔　　　　　图3-27　卡子

12．眼线笔（图3-26）

描眼线的专用工具，有铅笔型和毛笔型两种，毛笔型又分为眼线液和眼线膏。颜色主要有黑、灰、棕、蓝等色。画眼轮廓线用的软铅笔，应注意选用无刺激性的。毛笔型眼线液注意不要让液体进入眼中。

13．卡子（图3-27）

用于固定刘海，使之不遮住面孔。

14．美容剪（图3-28）

用于修剪眉毛、假睫毛、男子胡须等用。美容剪有圆头、弯头、平头三种。美容剪不能用来剪指甲、头发、纸张或其他物体，以免损坏刀尖和刀锋。

15．转笔刀（图3-29）

转笔刀的型号有大、中、小三种。选择时应注意口径和化妆笔的型号一致。保持刀口锋利，在使用转笔刀时，化妆笔尖就不易削断。

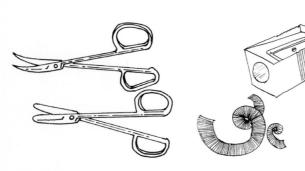

图3-28　美容剪　　　　　图3-29　转笔刀

第二节 眉毛的修饰

面部表情的重点多在眉毛和眼部，眉目之间最能反映出人的神态，最易衬托出人的性格和气质。中国传统美容讲究修眉。世上很少有天生就完美的眉，但只要刻意地修饰就能衬托出眼睛的美，使得整个面部形象和谐。修眉、画眉已成为女性美容的主要内容之一。

一、修整眉型的方法

1. 观察眉型

眉型修饰，首先从观察自己的眉型开始，根据自己的眼睛形状、脸型、年龄、性格、职业等不同情况来确定适当的眉型。眉型还具有时代感，各个时代都有它流行的样式。不同的年代，人们所喜欢的眉型也是不相同的。20世纪30年代，"柳叶眉"盛极一时，20世纪80年代兴起了"一字眉"。眉毛的化妆、造型经历过许多变化。眉毛的形状最好是保持原有的自然形状，在此基础上，给予适当的修整和描画。

2. 标准眉型的确立

用一支眉笔垂直靠在眼内角和鼻翼之间，如图3-30所示，眉头就在这条直线的内侧，再将笔移至鼻翼和眼尾之间，眉梢就落在这条斜线上，眉峰的位置就在眉头至眉梢的2/3处。眉头应与眉梢呈水平线。眉梢如果过长、过于高挑、过高或过低就会显现"怒相"；过分下滑又会显出"苦相"。

掌握了眉毛的正确位置，还要了解眉毛的生长状态（图3-31）。眉毛分上、中、下三个层次。上层的眉毛向下倾斜，中间的一层向后倾斜，下边的眉毛向上倾斜，三个层次相互交织重叠而组成眉毛的自然生长状态。眉毛由头至尾又可分为三段，即眉头、眉峰、眉梢。眉毛的上下、头尾较浅淡，而中间的一条及眉峰处比较浓密。在画眉时，必须依照眉的规律即自然形成的深浅层次进行描画。

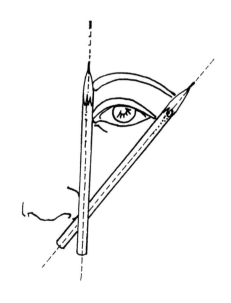

图3-30 确立眉型

3. 拔眉

用眉梳或眉刷从眉头沿眉峰、眉梢方向将眉毛梳顺，然后，确定所要的眉型。如果有不成形的散眉毛，则可以拔掉，先用酒精棉擦拭眉毛及周围，拔眉时用左手手指拉紧上眼皮，右手拿拔眉镊子，顺眉毛生长的方向一根一根地拔除多余的散眉毛，拔完后，再用浸过酒精的棉花擦眉，最后用眉刷将眉毛

图3-31 眉毛的生长方向

刷顺。修眉过程见图3-32酒精棉擦拭，图3-33左手指拉紧皮肤右手拔眉，图3-34酒精棉棒擦拭，图3-35眉刷将眉毛刷顺。

　　在没有把握确定何种眉型时，也可先用眉笔画出理想的眉型，再将轮廓线外的眉毛拔去。

　　还有一个问题需引起注意，通常人们都是拔除下沿的眉毛。按照眉毛的自然生长状态是上层的眉毛向下倾斜，下边的眉毛向上倾斜。将下沿的眉毛拔除后，上沿的眉毛就会向下耷拉，不能自然地向眉梢方向过渡。这时，就需要用美容剪将耷拉下来的眉毛修剪一下，使之过渡自然。

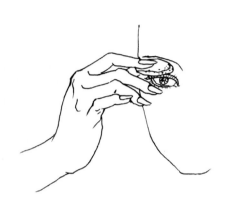

图3-32　酒精棉擦拭

图3-33　左手指拉紧皮肤右手拔眉

图3-34　酒精棉棒擦拭

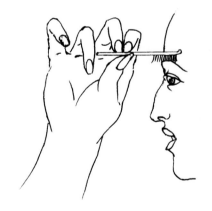

图3-35　眉刷将眉毛刷顺

4．画眉

　　除去散乱的眉毛后，可略加描画，使眉毛的轮廓更清晰。避免用僵硬的黑色眉笔，应选用自然一些的比眉毛稍浅的灰色或棕色眉笔。眉毛的颜色是两头淡、中段浓，上下淡、中层深。所以眉毛不能画成黑乎乎的一片，也不能画成死板的直线。画时要按照眉毛的生长方向用短线一笔一笔填上。眉画完后，再用眉刷将画好的眉毛按着画的方向整齐地轻刷一遍，使眉毛的笔迹变得圆滑服帖，与真眉柔和地融为一体，以达到真实自然的效果。画眉过程见图3-36画眉，图3-37轻刮眉。无论何种眉毛，都应在原有眉毛基础上进行修饰，使修饰好的眉毛真假融合，以假乱真。如果将原有的眉毛完全拔掉，另画一条眉，反而显得呆板无生机。

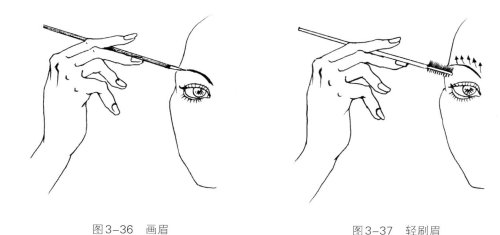

图3-36　画眉　　　　　　　　　　　　　　　　　图3-37　轻刷眉

二、特殊眉毛的修饰

1. 眉毛浓粗的修饰

如图3-38所示，浓眉大眼是用来形容人脸面漂亮，这说明眉和眼相互之间应当是协调的。假如"浓眉小眼"，眉和眼则是不协调的组合，造成眉的感觉过于凸显，破坏了面容的整体和谐感。眼睛较小的人，眉毛不宜过宽。宽脸大眼的人眉毛又不宜过细。注意眉与眼在脸上的协调关系。修眉时，可从眉毛的下边缘拔起，保留自然的拱式眉型。如果下沿的眉毛拔除后上沿眉毛向下耷拉，需要用美容剪进行修剪。如眉距太近，可将两眉之间多余的眉毛拔掉。眉峰过高，则将突出的部分拔去。眉毛修好后，用眉笔将眉梢描长，使之呈尖细状，再用眉刷整理，使整个眉型更加匀称自然。

2. 眉毛稀疏的修饰

眉好似眼睛的框架，框架不美，势必影响整个面部形象。眉毛稀疏必无型，如图3-39所示。可先用眉梳将眉毛梳理整齐，在不完整的地方用削尖的眉笔顺着眉毛自然生长的方向轻轻地描画，再用眉刷从眉头至眉梢刷一刷，使画出的假眉与真眉更好地协调。然后，将眉型之外不必要的散乱细毛拔掉。

图3-38　眉毛浓粗　　　　　　　　　　　　　　　图3-39　眉毛稀疏

3．眉毛浅淡的修饰

眉毛浅淡使整个面部显得不够精神，这样就需要把眉加深。加深眉毛有三种方法：

（1）画眉加深法，但这种方法存在一个问题，长期使用眉笔画眉，可能会损伤毛发，使眉毛脱落，不画眉时就更加显得淡。

（2）染眉加深法，用眉毛刷蘸上眉膏，轻轻刷在眉上，使眉毛增添光泽，但色彩要力求均匀自然，浓淡适宜。用这种方法让眉毛变浓，不需要每天描眉，且显得自然。

（3）纹眉或绣眉，这种方法一劳永逸，无须天天描画，但纹出来的眉虽然远观较为悦目，近观则缺乏立体感。还有，纹出来的眉为永久性眉，随着年龄的增长，眉型和眉色与衰老的皮肤和发黄的眼睛色调不协调。例如，年轻时纹出的蓝灰色"柳叶眉"，到中老年就与脸型、肤色、眼色不相称。绣眉比文眉更真实自然些，属半永久型。画眉则无此忧虑，可随年龄及面部情况及时更换眉型。

4．眉毛细短的修饰

眉毛细短，如图3-40所示，根据脸型，加长或加粗眉型。画眉时按照眉自然生长的方向一根一根地描画，眉端要画得细而淡。画好后用小眉刷轻轻地刷，使之自然，让人察觉不出明显描画的痕迹。不要将眉毛描得太细，有的人认为眉细就漂亮，其实不然，眉毛太细，使得眼皮看上去似乎虚胖浮肿，面部失去立体感，给人以扁平的感觉。当然，眉毛描画过于深重平直，同样适得其反。总之，必须根据自身条件确定相应的眉型，过或不及都是不恰当的。

5．眉毛向心的修饰

如图3-41所示，眉毛向心是指两条眉毛均向鼻根处靠拢，相距很近，有的甚至连在一起，显得过于严肃。眉毛向心，自然眉峰也会向内，所以确定眉型，首先要确定眉头和眉峰的位置，眉头应定在内眼角上方，眉峰应定在原来眉峰点靠外侧。确定了眉头和眉峰的位置后，将中间多余的眉毛拔掉或剃掉，眉峰也修理掉，但要过渡自然。再用眉笔描画，加长眉梢，眉型可采用柔和的圆弧形。经过修饰后，眉毛和原来相比向两边扩展了，眼周围显得开阔舒展。

图3-40　眉毛细短

图3-41　眉毛向心

图3-42　眉毛离心

6．眉毛离心的修饰

如图3-42所示，眉毛离心是指两条眉毛距离较远，向脸的外侧扩展，使眉间距过于开阔，显得呆板。离心眉不太适合画圆弧形，画直线型或略带弧形较好。用眉笔将眉头加长到内眼角上方，眉头的延长部分与本身眉头衔接要自然，描画时注意过渡，不能给人以假的感觉。

7．眉毛八字的修饰

如图3-43所示，八字眉，眉头高，眉梢低，形如"八"字，给人以悲伤、沮丧的感觉。用拔眉镊子或刮眉刀将高出的眉头及低下的眉梢修理掉一部分。然后用眉笔在眉头的下缘描画，即压低眉头；或在眉梢的上缘描画，即抬高眉梢。这样眉型就能得到适当的调整。眉型呈直线或稍带弯度较合适。

8．眉毛上扬的修饰

如图3-44所示，眉毛上扬，即呈倒八字形，两眉的外端向上方抬高，面部呈类似惊讶的表情。这种眉型修饰与八字眉正好相反，应将低下的眉头及高出的眉梢修掉一部分，然后，在眉头的上缘、眉梢的下缘描画，即抬高眉头、压低眉梢。

图3-43　眉毛八字　　　　　　　　　　　图3-44　眉毛上扬

三、不同脸型的眉型修饰

1．圆脸的眉型修饰（图3-45）

圆脸适合将眉峰提高，眉毛画得微吊。修整时把眉头压低，眉梢挑起。这样眉至下颏之间的距离拉长，脸型显得长一些。画眉时，不要过于生硬出角，应将眉画成上挑柔和流畅的弧形。

圆脸不适合画一字型眉、过短型眉、拱型眉、过细型眉。一字型眉使脸感觉缩短，趋于扁圆型；眉型过短会使面部五官过于集中；拱型眉配上圆脸，会显得面部更圆；圆圆的脸配上细细的眉毛也会不协调，眉毛略为粗些，会给人朝气蓬勃之感。

2．长脸的眉型修饰（图3-46）

长脸适合画长眉型和一字眉。眉型修得平直些，有扩充面颊的效果。长眉型的画法是拉长眉毛，眉峰不突出，且平直或稍带弯度，长眉型使脸型显宽。一字眉的画法是使眉头到眉梢在一条水平线上，一字眉使脸型显短，并给人年轻、纯朴的感觉。

长脸型面部较窄，不能修成吊眉，这种弯弧度过大的眉型，会使脸变得更长。长脸型，眉不宜画得太细，细眉使眉眼距离显宽，鼻子显长。画眉时，两眉头距离不宜太近，两眉头距离宽一些，人才会显得开朗。

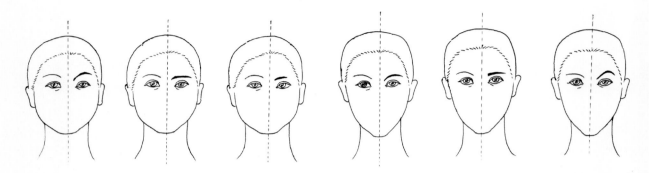

图3-45 圆脸的眉型修饰　　　　　　　　　　图3-46 长脸的眉型修饰

3. 尖脸的眉型修饰（图3-47）

传统审美通常以瓜子型脸为美的脸型，但脸的上部分过大，下部分过小，成"甲"字形的脸就不美了。怎样使尖脸变成人们喜爱的瓜子脸呢？通过眉型的变化可以有所改变。

尖脸适合自然柔和的拱形曲线眉型，以清秀的柳叶眉最为合适。眉型略短，眉头稍粗，眉梢稍细，眉梢不宜画得过黑，应淡些，让其自然消失。这样可以使上部分过宽的脸型变得窄一些，下部分过窄的脸型变得宽一些。

尖脸不宜将眉修得平直或高挑，也不宜将眉画得过长过浓，这样会使脸型上部分显得太重，下部分太轻，愈加暴露其不足。

尖脸的相反类型为正三角形脸，即"由"字形脸，额部较窄而两腮大，上轻下重，在画眉时同尖脸正好相反，眉要加重加深，增加脸型上部分的重量感，但眉的分量还需配合眼睛来画。眉要修得稍长些，眉峰不宜突出，眉梢不宜太细，长眉以增加额的宽度，拓宽脸的上半部。

4. 方脸的眉型修饰（图3-48）

方脸型画眉梢应适当向上才适合，眉心间隔不要太宽，自然弯曲的眉型给人以柔和感，以削弱面部方的印象。

方脸型不适合把眉毛画得太细，方脸给人以刚直的感觉，缺少柔和秀美的一面，过于纤细的眉毛同脸型形成对比，显得不协调，只能使脸更加显方。也不适合画棱角分明的吊眉，这种眉型加强了方的趋势，只能使脸型更加见方，更加男性化。

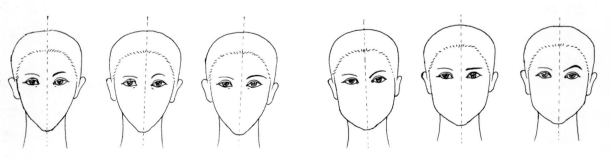

图3-47 尖脸的眉型修饰　　　　　　　　　　图3-48 方脸的眉型修饰

第三节 眼睛的修饰

眼居五官之首，有"心灵之窗"的比喻，故人们在化妆时把眼睛列为化妆的重点。眼能传神，能显示出整个人的精神面貌。眼睛最能反映出人的魅力，所以人们注重睫毛、眼睑、眼影的修饰。眼睛的化妆一般分修饰化妆法和矫型化妆法。在具体运用时，两种化妆法往往同时采用。通过化妆去美化眼睛，能扬长补短，使双眸具有动态美。

一、眼部化妆

1．涂眼影

眼影的功效主要在于塑造出立体感，为眼部增添装饰色彩。黄种人的眼睛不如白种人和黑种人富有立体感，而眼影的作用可使双眼炯炯有神，更具魅力。

眼影色有暗色、明色、冷色、暖色之分。颜色的选择可根据化妆的类型、风格、着装、年龄、肤色、环境、灯光、喜好等因素来定。

眼影色的组合有单色、双色、三色、多色之分。

（1）单色：指一种颜色。日常生活妆需要简单、快捷、素雅，一般使用单色眼影。

（2）双色：通常用明、暗两种颜色组合搭配而成的眼影色。生活妆宜用同类色和邻近色组合。同类色组合，如咖啡色和淡橘色，深砖红色和浅玫瑰红色等。邻近色组合，如苹果绿和淡米色，蓝紫色和玫瑰红等。采用双色涂眼影，色的衔接力求自然柔和。日常生活妆，眼影双色组合一般不用对比色，因为两色之间没有一种过渡色会显得生硬。化舞台妆、新潮妆可选用对比色，也可用同类色和邻近色。

（3）三色：指三种眼影颜色。生活妆涂三色眼影采用色彩渐变的形式，由深过渡到浅或由浅过渡到深，由冷过渡到暖或由暖过渡到冷色调。渐变的方向可由睫毛根处到眉下方，也可由眼尾到眼头，通常涂眼影两个方向同时运用渐变。选择何种颜色及何种色彩渐变的形式，要根据自身条件而定。如上眼睑，从睫毛根处向眉下方由深到浅晕染，色彩依次为咖啡色、土黄色、淡黄色。晕染的色彩不能出现三条明显的颜色，而是自然柔和地逐渐过渡。由眼尾最深过渡到眼头较浅。下眼睑用单色，从眼尾向眼头方向晕染，颜色由深至浅。画眼影时，切忌把上眼睑和下眼睑画成一样深度，或下眼睑比上眼睑深，这样容易破坏眼部的整体结构，成为"熊猫"眼。正确画法是上眼睑深，下眼睑浅。

（4）多色：三种以上颜色的眼影组合。多色眼影的运用有一定难度。首先要选择一个主色调，在此基础上再添加其他辅助颜色。一定要从整体效果出发，从眼部结构出发，色彩变化要和谐统一，色彩面积主次有别，色彩层次变化丰富，色彩冷暖对比恰到好处。多色眼影运用得好能给眼睛增添姿色，运用得不好反失其美。生活妆一般不使用多色眼影。

如果眼影画得不好，或许是在以下几方面掌握不当所至：

（1）眼影颜色选择得不恰当；

（2）眼影涂的部位不合适；

（3）眼影同整体化妆风格不协调。

涂眼影有其基本规律，就是深沉的眼影使人感觉眼窝深陷，柔和明亮的眼影使人感觉轮廓突出，所以希望某个部位变得深凹时，在此处涂深色眼影，希望某个部位变得突出时，在此处涂亮色眼影。

2．画眼线

画眼线要瞄准贴近睫毛生长处，如图3-49所示，以强调眼睛的形状和加强眼睛的鲜明度、清晰度，眼线画不好，会产生"翻眼皮"的感觉。

画眼线用的工具有眼线笔、眉笔、狼毫化妆笔，根据需要都可使用。如不需要矫正眼型，只需沿着睫毛边缘描画，画时注意线条的变化。眼睫毛的生长规律是上眼皮处浓而长，下眼皮处淡而短，眼外端比眼内端长而密。因此在画上眼睑的眼线时，从眼头至眼尾画一条线，由浅至深，由细至粗。下眼睑的眼线从眼尾向眼头方向描，线条轻淡，画完后应轻轻抹一下，以便线条更柔和，减弱"画"的痕迹。眼线的长短、粗细，要根据实际化妆的需要取舍。

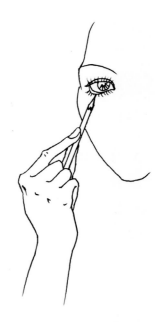

图3-49　画眼线

3．美化睫毛

眼部化妆的最后一项就是卷睫毛及涂睫毛膏，根据实际需要在某些场合还可使用假睫毛。美化睫毛可起到"画龙点睛"的作用。化日常生活快妆时，大可不必修饰睫毛。

（1）夹卷睫毛的操作方法：所用的睫毛夹，夹缝的圆弧形要与眼睑外形吻合，如图3-50所示。将睫毛夹张开，对准睫毛根轻轻地夹住，5～6秒钟后松开，再顺着睫毛移到睫毛中部轻轻地夹5～6秒钟。如一遍不成功，可反复几次，直到睫毛上翘为止。

（2）睫毛膏的涂法：睫毛膏主要有黑色、灰色、棕色、蓝色几种。通常以黑色睫毛为美，故选用黑色睫毛膏居多。用睫毛夹卷曲睫毛后，再涂睫毛膏（液）。涂上眼睑时，将镜子放低，用手指固定上眼皮，眼睛朝下看，从眼睛中部开始刷，刷时要边转动睫毛刷边往上提，每根睫毛都涂上一层睫毛膏，如图3-51所示。在睫毛膏未干之前，用小刷子或小梳子把粘在一起的睫毛梳开，如图3-52所示。如果睫毛还不够黑，接着再刷一遍睫毛膏，但不可过厚。涂下眼睑时，镜子放高，眼睛向上看，用手指固定下眼皮，先垂直地拿

图3-50　夹睫毛

着睫毛膏刷子，沿睫毛从这边刷到那边，如图3-53所示。然后水平地拿着刷子一根根地刷，不必涂得太浓。然后再用小梳子将睫毛彼此分开。涂睫毛弄脏的地方，得用一根棉签轻轻擦掉，如图3-54所示，再用粉底或眼影修饰。初学化妆者，为了避免睫毛膏碰脏脸，在染睫毛时，用一张薄薄的面巾纸衬在睫毛下面，染完睫毛后再拿掉。

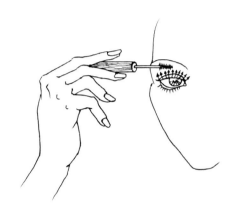

图3-51　上眼睑刷睫毛膏

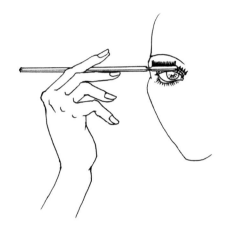

图3-52　梳睫毛

图3-53　下眼睑刷睫毛膏

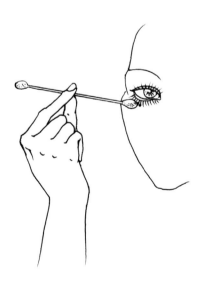

图3-54　擦污点

（3）假睫毛的粘贴过程：买来的假睫毛形状有两种：一种是中间长两边短；另一种眼外端长、眼内端短。如果不合适，可根据本人所要的形状一根根地竖着剪，不要横剪一刀齐，睫毛的长度修剪成比生长的睫毛略长一些。如果假睫毛的宽度过长，也要修剪一下，假睫毛的宽度要与生长的睫毛根保持一致。

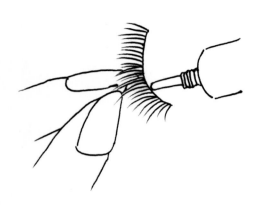

图3-55　假睫毛

粘假睫毛前，先将自己的睫毛夹成需要的翘度，再将假睫毛的横线刷少许专用胶，如图3-55所示，眼睛微闭，把假睫毛对准上眼睑的睫毛根处粘好。对于睫毛短而稀的人来说，使用假睫毛效果较好。

粘假睫毛能使眼睛更加亮丽有神，但日常生活妆中通常不使用，因为粘假睫毛易显出假的痕迹。只有在新娘妆、舞台妆、晚妆等场合使用。

（4）粘"美目贴"："美目贴"是一种用来粘贴眼睑的半透明胶带。粘"美目贴"可出现双眼皮、大眼睛的效果。市场上买来的"美目贴"通常形状已剪好，只要取下一条按照自己眼睛的弯度贴在距睫毛根2～3毫米处即可。为了避免胶带反光，"美目贴"最好在涂眼影前贴上，贴好后可上些粉或涂上眼影遮盖住。

对于单眼皮、眼皮松弛、多层皱褶、小眼睛者，使用"美目贴"改变眼型效果颇佳。

二、改变眼型的化妆法

1．单眼皮化妆

单眼皮使眼睛显得单调，缺乏神采，可用浓、淡、深、浅的眼影塑造眼睛，使之具有立体感。首先用咖啡色细眉笔于眼睫毛线上方约5毫米处，画一条假双眼线，呈外粗内细的半拱形，不与眼头相连。然后在双眼线上方涂眼影，用色彩渐变的方法，由外眼角到内眼角，从双眼线到眉下，色彩由深至浅晕染，强调层次。在画出的双眼皮线内使用浅色眼影提亮，可以产生立体效果。画眼线时，上下眼线在眼尾处不相交地向外延展，适当增加眼裂的长度。如图3-56所示。

2．眼睛凹陷化妆

用色彩来调整眼睛结构层次，使眼睛丰满，用接近肤色的亮色涂满眼窝，如浅米色、淡粉色、浅色珠光、淡红色等。因为颜色能表现凹陷和浮凸，亮色具有扩张感，使眼窝富有突出、丰满的感觉。化妆时，针对眼睛凹陷的情况，鼻子不宜过于强调；眼线不用黑色，选用深棕色较好，或不画眼线；眉弓如果过于突出，可涂少许深棕色或橄榄色。眼睫毛应刷睫毛膏，修饰得长一些。这样修饰，眼部就显得饱满，如图3-57所示。

3．肿眼泡化妆

运用色彩制造视觉错觉，在上眼睑靠近睫毛处用冷灰色调或深色调涂眼影，因为冷灰色和深色（如蓝灰色、绿灰色、紫灰色、深棕色等）在视觉上能够给人以收缩感。如图3-58所示，从睫毛处逐渐向上由深至浅晕染，而中央部分应涂得较浓些，使眼睛显得深一点。肿眼泡在整个面部结构中占了特别醒目的地位，要把这种效果削弱下去，还要突出面部其他的结构，如唇、鼻、颧颊，这样肿眼泡的感觉才会改变。

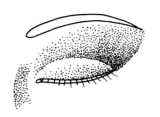  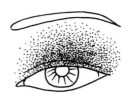

图3-56 单眼皮化妆　　　　图3-57 眼睛凹陷化妆　　　　图3-58 肿眼泡化妆

4. 吊眼化妆

吊眼（上斜眼）是眼尾高于眼头，在化妆上可运用眼影和眼线的塑造，抬高眼头，压低眼尾。如图3-59所示，上眼睑修饰重点在上眼睑的前半部分，利用眼影重点渲染，上眼线从眼头起至眼尾逐渐变细至消失，用睫毛膏在上眼睑内侧重点刷染。下眼睑的修饰在靠近眼尾的部位涂上一些眼影，下眼线从眼睑1/3处开始细细画起，不要顺着睫毛画，可以适当拉平一点，眼尾的眼影和眼线要略水平延长，增加眼尾向下的分量，并在靠眼尾的睫毛上涂睫毛膏。这样通过眼影、眼线、睫毛的化妆修饰，可使吊眼在视觉感受上得到修正。

5. 垂眼化妆

垂眼（下斜眼）是眼头高于眼尾，造成眼睛向下斜的形状。垂眼的化妆方法同吊眼正好相反。如图3-60所示，在上眼睑的外侧重点用深色眼影涂抹，眼影由眼睫后端向眉、太阳穴方向逐渐晕染开。画上眼线时，从眼头处细细画起，跟着本人睫毛线到眼尾处渐渐加粗并略向上提。在外眼线部位多刷几次睫毛膏，此处的睫毛还需夹一夹，使它上卷。画下眼线时，从眼头画起，虚向眼尾，逐渐淡淡地消失，在内眼线处刷染睫毛膏。经过上述化妆美化，垂眼得到相对矫正。另外，贴假睫毛也能改变眼型，假睫毛在眼尾处离开自己的睫毛约2毫米粘贴。生活淡妆不适合用假睫毛。

6. 小眼睛化妆

针对眼睛小的特点，化妆则要通过加宽眼睛外形轮廓改变原来的形状，将眼睛作为重点修饰，以涂眼影、画眼线、染睫毛的方法，造成眼睛扩大的视觉错觉。其方法如图3-61所示，上眼睑从边缘开始涂深色眼影，逐渐向眉毛处过渡，下眼睑也可涂些浅色眼影，注意颜色的深浅要适度，否则会适得其反。画眼线时，适当加深和加宽眼睑的边缘线，上下眼线在眼尾呈水平状逐渐消失，不必会合，以达到增大眼裂的视觉效果。这样可使眼睛显得大些，也不会带来眼睛呆板的感觉。卷睫毛和染睫毛也能使眼睛显得大而且明亮。要注意眉毛同眼睛的协调配合，眉毛不要画得太粗或太深，过分地渲染眉毛，与眼睛形成对比，反而使眼睛显得更小。纤细自然的眉型能衬托出小眼睛的魅力。

 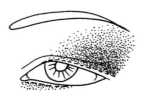 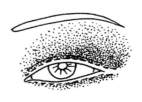

图3-59 吊眼化妆　　　　图3-60 垂眼化妆　　　　图3-61 小眼睛化妆

7. 眼距太近的化妆

恰当的两眼间的距离相当于一只眼睛的宽度。如果小于这个宽度就给人一种拘谨、严厉的印象，通过化妆可以使眼睛舒展，眼距显得宽一些。如图3-62所示，在眼头部位采用浅色眼影或不用眼影，将深色眼影用在眼后端，这个部位应当重点化妆，然后逐步向太阳穴方向伸展。将接近鼻梁的眉毛拔去。最好不要涂鼻侧影。画眼线时，不要从眼头开始画，要在眼尾到眼头4/5的地方，也就是稍离眼头的睫毛处开始画，画至眼尾时，再向外拖出一点，两眼的距离就会感觉远些。再将眼外端的睫毛刷上睫毛膏。这样就加强了眼尾的分量，从而使眼距看上去宽一些。

8. 眼距太宽的化妆

如果眼距大于一只眼睛的宽度就会显得过宽。怎样使过宽眼距的眼睛看上去恰到好处呢？这可以在眼内端做文章，如图3-63所示，着色时，从眼头开始很均匀地上色，并向外侧晕色，逐渐由深变浅，终止点应在眼尾以内。眼头的眼影与鼻侧影要自然衔接。眉的修饰也可用眉笔将眉头加长。画鼻侧影加强鼻子的起伏，使其富有立体感。画眼线时强调眼头的颜色，画到眼尾时则不要画到眼尾，眼线由眼头向眼尾逐渐变淡至消失。睫毛膏也在眼头和中间部分重点渲染。这种化妆法加强了眼头的分量，两眼间的距离感觉就拉近了。

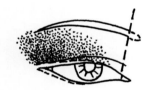 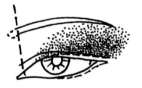 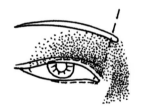 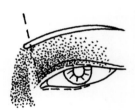

图3-62　眼距太近化妆　　　　　　　　　　图3-63　眼距太宽化妆

9. 圆眼睛化妆

眼睛太圆可通过涂眼影和画眼线来加长眼型。如图3-64所示，选用深色眼影，重点涂在眼外端和眼内端。眼线也在眼睑外端和内端画得略粗一些，眼中部紧贴眼睑缘画得细一点，眼线在眼尾处顺势稍做延长。这样就会缩小眼睛的圆度，眼型就显得长一些。

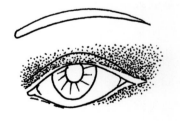

图3-64　圆眼睛化妆

10. 细长眼睛化妆

眼睛细长的人在化妆时，重点加宽眼睑边缘的厚度。具体方法是涂上深色眼影，如图3-65所示，以上眼睑的中部为中心，向眉毛及左右扩散，下眼睑也涂些眼影。上下眼睑的边缘眼线可以画得略宽一些，即中间画宽，内、外眼角处画细一些，在眼尾处中止，不要拉出眼尾。这样眼睑边缘的厚度增加了，眼睛就显得大了。

11. 眼部结构平淡化妆

东方女性的眼部结构较为平淡，眉弓、眼盖、鼻梁没有大幅度的起伏，易显得"乏味"。通过眼影色可塑造眼部凹凸起伏的结构，但使用这种结构式化妆法，首先要了解眼部的生理构造，如图3-66所示，再用色彩化妆品加以强调眉弓、鼻子、双眼皮、眼线和睫毛各部位。注意眼影的深浅过渡，深色着重用在眼部需要凹陷的部位及眼后端。这种化妆给人的印象是两眼舒展，层次分明，结构明晰。

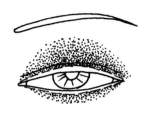

图3-65 细长眼睛化妆

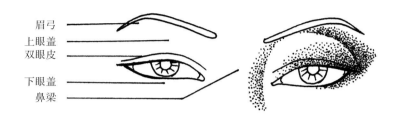

图3-66 眼部结构平淡化妆

12. 黑眼圈化妆

黑眼圈可能是由于生理疾病、过度疲劳、营养不良、吸烟酗酒、睡眠不足等各种因素所引起血液循环不畅，导致出现黑眼圈现象。真正要彻底清除黑眼圈，只有找出引起黑眼圈的原因，并加以防治。

通过化妆只能暂时遮掩黑眼圈。其方法是只要在涂化妆粉底之前用少许特制的遮瑕膏，轻轻涂在眼圈处，涂好后再使用粉底，黑眼圈就被掩饰了。另一种方法，涂眼影时选用深一些的眼影色，再将眉毛和睫毛修饰得漂亮些，这样人们的视觉就不会注意到黑眼圈了。

13. 戴眼镜化妆

戴上眼镜，眼镜的镜框、镜片，为眼睛部位增添了新的内容，所以着眼影色彩就应以简单为好，丰富的眼影色只会给人眼花缭乱的感觉，最好不要涂睫毛膏，以免碰脏镜片。

近视眼镜的镜片有缩小眼睛的作用，远视眼镜的镜片有放大眼睛的作用，变色眼镜的镜片深浅变化对眼部色彩会产生影响。因此，戴近视镜时，最好选用单纯的深色眼影，眼线画得浓粗一些，目的为了强调眼型。戴远视镜时，选用简洁的浅色眼影，眼线画得细淡一些，以免放大后失真。戴变色镜时，宜选用浅淡的单色或不画眼影，通常暖色镜片就画浅暖色眼影，冷色镜片就画浅冷色眼影，因为冷色（镜片）加暖色（眼影）或暖色（镜片）加上冷色（眼影），易产生脏色，而与镜片同色系的浅眼影色加上镜片的颜色，则产生深色。

14. 戴隐形眼镜化妆

戴隐形眼镜，眼部会受到程度不同的刺激，故在化妆时，存在一些技术上的问题。须注意一些细节。

（1）最好在戴上眼镜后化妆，这样可以看得更清楚，又免得戴眼镜时沾染化妆品。

（2）涂眼影垂直方向比水平方向涂要好，以免使隐形眼镜移位。眼影色选用无蔓延性脂类效果较好，用手指指腹几乎不用压力地涂在眼睑上。

（3）画眼线时不要太靠近内眼睑，以免引起眼部不适或刺激感。

（4）用粉饼时，闭上眼睛，并抖掉过多的粉，以防止粉末小颗粒进入眼内。

（5）卸妆要在去掉隐形眼镜之后进行。

第四节　鼻子的修饰

鼻子占据着面部的中心位置。鼻子的高低、长短、宽窄，直接影响着面部形象。在化妆中，不容忽视。鼻子同五官其他部分一样，千姿百态。人们总是希望拥有一个挺拔标致的鼻型，这就需要细心的修饰。

一、鼻妆的色彩

用色彩塑造鼻型，这跟画眼影是有一定区别的。画眼影可根据化妆的风格，选用不同的色彩来点缀修饰，而鼻子的塑造则需要具有真实感，因此在用色上必须以肤色为基础，选择比肤色深和浅的同类色或邻近色，如棕色、褐色等暖色调。但某些特殊的妆型也有用蓝色、紫色等冷色调。可通过明暗色彩创造出明暗变化、高低起伏的立体效果。人们常用暗色粉底、光影粉底及眼影色来修饰鼻型。在处理鼻影色彩的深浅时，要根据个人喜好及环境的要求，日常妆在自然光下，鼻侧影的色彩应淡些，晚妆在灯光环境下，鼻侧影可略浓些。

二、特殊鼻型的修饰方法

1. 塌鼻梁化妆

塌鼻梁低而扁平，缺乏体积和高度，需要运用色彩的明暗对比方法加强鼻梁的视觉高度。其方法是选深于肤色的颜色，如浅棕色、橘红色、紫红色等，按图3-67所示，涂于鼻两侧的眼窝位置上，再用手指或狼毫化妆笔自眼窝处向下涂染，逐渐变浅至鼻翼，消失于粉底之中；向上涂染与眉毛衔接；眼窝处颜色最深，两边同眼影混合。然后在鼻梁处涂上比肤色亮些的浅色，涂法与鼻侧影相同。并在鼻梁中心线处涂一竖条亮光色（颜色最浅）。三层鼻部色彩应有层次的自然过渡。这种鼻部修饰从正面看上去，强调了明暗对比，鼻子显得高，但遗憾的是从侧面看，仍然是塌鼻梁。色彩的明暗无法改变鼻子的外轮廓，除非通过外科手术矫形美容，才能使其从根本上得到改变。

2. 短鼻子化妆

鼻子短于标准脸型纵向长度的1/3，往往伴随着整个脸型也显扁、圆，所以有必要通过化妆和改变眉型、发型，强调鼻子的视觉长度。其方法如图3-68所示，以肤色为基调，选用深于肤色的颜色，在鼻侧自眉头向鼻翼处由深至浅涂染，尽可能拉长，加强纵向视觉延伸，鼻梁的亮色从两眉中间延伸至鼻尖，亮色不宜过宽，尤其鼻翼不宜过亮。在鼻梁中心线处涂一条高光。鼻子画得窄长，立体效果才明显，看上去显得长一些。为配合鼻子的修饰，还可通过抬高眉型的位置，使鼻侧影的上端相应往上抬起，以提高鼻根部位，拉长鼻型。另外，亮出前额的发型也可使鼻子、脸型拉长。

3．长鼻子化妆

鼻子长于标准脸型纵向长度的1/3，使整个脸型也相应地显长，通过化妆和改变眉型、发型，可使鼻子和脸型显短。不需要强调鼻子的结构，因此鼻侧影要画得淡些，或者干脆不画，如图3-69所示，在眼窝部位画一点就行，衔接自然，不露明显的化妆痕迹。鼻翼部位要含糊，不易突出，鼻梁的亮色及高光都不能画。这样可减弱鼻子的感觉，为配合鼻子的化妆，还可以通过降低眉头及遮住前额发型的方法来改变长鼻型、长脸型的印象。

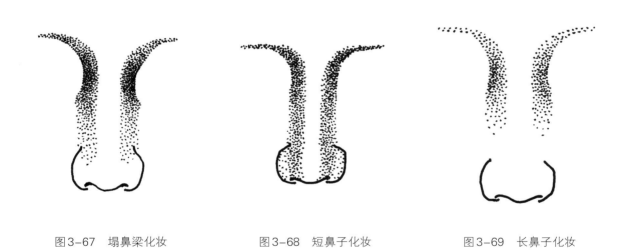

图3-67　塌鼻梁化妆　　　　　图3-68　短鼻子化妆　　　　　图3-69　长鼻子化妆

鼻妆须同脸的其他部位的化妆配合进行。以上是较常见的特殊鼻型的化妆修正法。还有些特殊鼻型，如大鼻翼者，可在鼻两侧涂深色的鼻影，色调从鼻根开始逐渐深浓，匀涂至鼻翼，用比肤色浅的亮色涂于鼻尖；小鼻翼者，可在鼻翼处涂比肤色浅的鼻影色，或将嘴唇画得窄小些，与鼻型相配；扁鼻者，应用比粉底深些的影色涂鼻梁的两侧，鼻梁至鼻头抹浅色；鹰钩鼻者，则把鼻梁突起部位涂上略深的底色，鼻尖呈尖钩的部位涂上深褐色，使鼻子有低凹的收缩感。

可用色彩的明暗塑造鼻子的立体效果，但这并不是任何形状的鼻子都可行。比如鼻梁窄的人画鼻侧影，就会使鼻梁显得更窄；眼距较近的人画鼻侧影，就会使眼距显得更近；鼻梁高和眼窝深的人不需涂鼻侧影；生活淡妆，也不需涂鼻侧影。如果对鼻部化妆技巧掌握不熟练，化鼻妆无法取得良好效果，干脆就不化鼻妆，以免弄巧成拙。将化妆重点移至眼睛、眉毛及唇，使其修饰得更加楚楚动人，转移人们的视线，鼻子的缺点就不会被人们注意到了。具体化妆时，则必须根据自己的实际情况灵活运用。

第五节　嘴唇的修饰

　　唇对异性来说是极具吸引力的。千百年来，女性总爱把嘴唇涂成各种红色，增添美感、性感。那么，什么样的唇才是美的？不同时期、不同民族、不同地域的人，有着不同的审美观。因此对美的认识存在着时代性、民族性和地域性。我国古代形容美女"柳叶眉、杏核眼、樱桃小口一点点"。传统的中国女性嘴唇美的标准为"樱桃小口"，唇部的颜色当然以红得像小樱桃一样为美。西方人则以玫瑰红的嘴唇为最美。现代人却认为，柔软丰满的嘴唇，更富性感、更具魅力。

一、嘴唇的化妆术

1．确定唇型

　　描画唇型，不能孤立地看待嘴唇，应把它当作整个面部形象的一部分，进行整体的修饰。只有唇型同脸型、五官、气质和谐，才能出现美的统一。如果细眉小眼，画上一副厚厚的嘴唇，就显得不伦不类。在不完美的唇型上使用鲜艳的口红，反而暴露其缺陷。美的化妆要"扬长避短"。

2．确定唇膏颜色

　　唇膏的色彩多种多样，如大红、玫瑰红、桃红、暗红等，这些是人们常用的口红色。如何选择唇色呢？这要根据个人的肤色、身份、年龄、所处环境、化妆风格和整体的服饰妆扮而定。肤色白嫩，唇膏以接近天然色为好；肤色稍黑，则选用鲜亮色的唇膏；生活淡妆，嘴唇的化妆略加修饰就行；若是在盛大的晚宴或节日宴会的社交场合，唇膏宜选择夸张的浓艳色，以显富丽堂皇。

3．勾轮廓线

　　用柔软的纸巾把嘴唇擦干净，再用唇线笔或狼毫化妆笔勾出理想的轮廓线。唇线笔在使用前要削得尖些，否则画的线形含糊不清，唇线不必画得过于明显，唇线色与口红色的色调应基本一致。根据自己的喜爱可沿自然的唇线形描画轮廓线，还可适当画大或缩小，如图3-70所示。

4．涂唇膏

　　涂唇膏时，嘴唇应微微张开，唇膏应涂在唇廓内，不可外溢。通常人们直接将唇膏涂于嘴唇，这样不易抹匀，最好如图3-71所示，使用唇刷填唇，先从上唇，再从下唇的两边嘴角向唇中涂，涂完边缘再涂内侧，直到完全涂满。用唇刷涂唇膏，均匀自然，又很卫生。

5．上亮光色

　　根据化妆的需要涂亮光剂，可使唇膏更具光泽，唇型丰润而生动。一般仅在下唇涂亮光色，如图3-72所示。市场上出售的许多唇膏本身具有滋润的光泽，用纸巾轻按双唇或舔嘴唇，就会失去这个功效。

图3-70　勾轮廓线　　　　　图3-71　涂唇膏　　　　　图3-72　上亮光色

二、唇型的修饰技巧

通常人们认为标准的唇型，应该是嘴唇轮廓线清楚，大小与脸型相宜，唇峰的位置在两鼻孔的正下方，嘴角两端在两眼中点（即目视前方时，两眼瞳孔的正下方位置）的正下方内侧，两嘴角微微上翘，下唇比上唇稍厚，上下唇闭合成一横线，整个嘴唇富有立体感。然而，现实生活中并非所有人的唇型都是尽如人意的，化妆修饰唇型，可使之改观。唇的化妆应着眼于整体，发挥自己嘴唇本身的优势，扬长避短，不要盲目地模仿别人。化生活妆，要求自然不留痕迹，而嘴唇的矫形化妆，则是在原有唇型的基础上找出需要调整的部位，稍加改变和修饰。脱离实际，再造一个同自身条件不相吻合的唇型，是不恰当的。画唇线，不仅使嘴唇轮廓清晰，还可校正改变嘴形；涂唇膏，不仅能增加唇的鲜艳度，还可利用色彩的明暗对比原理来改变唇的大小、厚薄。如果化妆技巧运用娴熟，就能遮盖唇的缺点；相反，技术处理不当，非但不能美化嘴唇，还可能不如原本的形象。

1. 大嘴化妆

先用粉底涂唇的边缘，再按图3-73所示，用深色唇线笔轻轻沿原来唇廓线内侧，画出新的唇线，线条要用曲线画；然后在轮廓线内涂唇膏，在靠近嘴角的部位应涂暗色唇膏，在色彩的明暗对比上加强层次感。避免使用大红、艳红、粉红、银红等夸张的颜色，因为明亮、鲜艳的色彩有膨胀感，深暗的色彩有收缩感。

2. 小嘴化妆

将小嘴画大，要依本来唇型而定，不能无节制地夸张。如图3-74所示，用与唇膏颜色相近的唇线笔沿原唇线外围画出新的唇线，再涂上明亮润泽的唇膏或珠光唇膏，在唇上多用一点唇膏，使唇显得丰满些。

3. 厚唇化妆

在嘴唇四周边缘盖一层粉底霜，会使厚唇看起来薄一些，如图3-75所示，再用比口红颜色深一些的唇线笔，沿原唇型内勾出唇线；修改幅度不要太大，否则看上去不自然。以选用不太闪光的深色唇膏为宜，嘴唇的内侧涂浓些，外侧涂薄些。

图3-73　大嘴化妆　　　　　　　图3-74　小嘴化妆　　　　　　　图3-75　厚唇化妆

4. 薄唇化妆

如图3-76所示，用唇线笔在原唇型的外沿画上唇线，轮廓线靠近嘴角的地方深一些、圆满些，越往中间越淡，选用有一定覆盖力的唇膏遮住原来的唇缘轮廓，将唇膏仔细地刷均匀，最后还可以在唇中央处上些光亮剂或光泽唇膏，使唇看起来更加柔软丰满。

图3-76　薄唇化妆

5. 嘴角下垂化妆

用较厚的粉底霜或修容膏来修饰唇角。用唇线笔修正时，如图3-77所示，上唇要内描，两端要比嘴角原唇型提高一点，使其具有上翘的趋势，下唇角的弧线与上唇呼应，并连接自然。涂上适当的唇膏，唇角处加浓暗颜色，唇中部用鲜明色，以突出中部的唇型。

图3-77　嘴角下垂化妆

6. 上唇厚下唇薄化妆

方法（1）：如图3-78所示，在上唇涂深色唇膏，下唇涂浅色唇膏或光泽唇膏。

方法（2）：改变上下唇的轮廓，如图3-79所示，上唇线画在本来唇线的内侧，边缘部分盖上粉底，下唇线画在本来唇线的外侧，再涂以适当的唇膏。

图3-78　上唇厚下唇薄化妆（1）　　　　　图3-79　上唇厚下唇薄化妆（2）

7. 上唇薄下唇厚化妆

方法（1）：如图3-80所示，在下唇涂深色唇膏，上唇涂淡色唇膏或光泽唇膏。

方法（2）：改变上下唇的轮廓，如图3-81所示，上唇线画在本来唇线的外侧，下唇线画在本来唇线的内侧，边缘部分盖上粉底，在唇线内涂上唇膏。

图3-80　上唇薄下唇厚化妆（1）　　　　图3-81　上唇薄下唇厚化妆（2）

8. 平直的嘴唇化妆

平直的嘴唇化妆关键是加强嘴唇的立体感。如图3-82所示，上唇线画出唇峰，下唇线画得饱满些，通过唇膏明暗变化达到立体效果。嘴角部位及画出的唇峰处唇膏要深一些。上唇中间和下唇中段唇膏要浅一些，并上些亮光色。唇膏的深浅应自然衔接，使唇型丰满而富立体感。

9. 尖突的嘴唇化妆

这种嘴唇的人要经常练习将嘴角往后拉的微笑动作。化妆时，如图3-83所示，上下唇的轮廓线应从嘴角的外沿开始画，斜向中部与原来的唇边汇合。在新的轮廓线内涂唇膏，选与腮红同色系的唇膏，使面部颜色柔和。嘴唇中间的两侧唇膏浅一些，其余部分唇膏要深一些，这样可使中间起伏感觉不大。

10. 唇型不对称化妆

修饰这种唇型，重要的是小心地描画唇线，使不均匀的唇型对称平衡，调整原来不对称的嘴唇轮廓线，如图3-84所示，在新的唇线内涂唇膏。如果是左右侧唇凹凸不一致，还可在凸起处涂略深口红，凹进处涂略浅色口红。

图3-82　平直的嘴唇化妆　　　　图3-83　尖突的嘴唇化妆　　　　图3-84　唇型不对称化妆

第六节　面颊的修饰

中国人对女性的审美往往侧重于面颊，要求两颊白里透红，像鲜艳的桃花一样美丽。古代的妇女喜爱用胭脂将面颊修饰得红润生色，民间称之为"腮红"。涂腮红可以展示光彩照人的女性魅力。

美容专家们测定，大约99％的妇女对腮红的运用缺乏经验。腮红的涂抹技巧看似非常简单，只需在面颊上涂些红颜色就行，但在"度"的把握上，却使人们常感烦恼。因为当腮红涂得过浓、部位不对、颜色不均、面积稍大等，都会给面部形象带来不协调感。

一、腮红（胭脂）颜色的选择

腮红有粉状、膏状、液状及胶冻状等；粉质最容易使用，效果也最持久。

腮红的颜色种类很多，应根据年龄、脸型、肤色、着装、化妆风格等因素来选色。如皮肤白嫩的年轻女性，用浅桃红、浅玫瑰红；皮肤较黑的大龄女性，用浅土红、浅棕红；脸型较大的女性，用暗红色、朱砂红；脸型较小的女性，用淡棕色、浅粉色。涂腮红时，无论涂哪种颜色，都不宜使用过于鲜艳的红色，因为艳红和肤色难以统一。涂腮红应追求柔和、均匀、自然，目的是为了增强皮肤的红润感，修正面部轮廓。

日常生活妆涂腮红的作用：

（1）表现身体健康，给面颊增加红润感，显得富有青春朝气。

（2）可以适当矫正脸型，运用色彩学中"暖色有向前感，冷色有后退感，浅色有凸起感，深色有凹入感"的视觉原理，来改变脸型结构，使面颊更具美感。

二、如何涂腮红

忌在面颊上涂色彩横条纹，忌在面颊上用色彩涂画圆圈，忌在嘴角到耳朵涂色彩斜线，因为这些不恰当的涂法，只能让人感觉生硬、不自然，与面部结构不协调。但特殊的场合及舞台人物角色化妆例外。正确的方法是，由所确定的中心处向四周匀开，逐渐变淡，近似半圆形，边缘处与面部肤色自然衔接。涂好后的腮红，仿佛是皮肤本身透出的红润，使人显得神采焕发。

由于脸型及肤色等条件不尽相同，故腮红的涂法当依具体情况而定，其方法如下：

1．一般脸型的腮红涂法

方法（1）：如图3-85所示，从颧骨下向鬓角方向晕染上腮红，既丰富了面颊的色彩，使之红润，富有生气，又加强了颧骨的结构。

方法（2）：从颧骨与眼区处向太阳穴方向晕染淡淡而柔和的腮红，可给人以神采奕奕、朝气蓬勃的感觉。

方法（3）：用深浅不同的腮红修饰面颊，重点在颧骨部位，如图3-86所示，用棕色阴影涂于颧骨下，粉红色涂在双颊上，象牙色涂在颊骨之上及眼下部位。在晕染过程中要注意"色阶"的层次变化，衔接自然，不能给人感觉有生硬的色块。色彩的层次感加强了面部的结构变化，使人更具风姿。

图3-85　晕染腮红

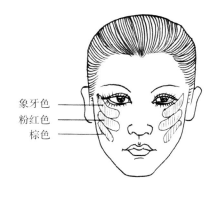

象牙色
粉红色
棕色

图3-86　腮红色彩分布

2．长脸型的腮红涂法

应顺着颧骨的外围（由颧骨下向外）涂腮红，涂成近似椭圆的效果，腮红饱满地向两边扩展。这条色彩横向切面将长脸分割成上下两段，加之色彩的横向延续引导人们的视觉横向延伸，增强了面部的丰满感。

3．圆脸型的腮红涂法

腮红涂在颧丘朝内（向脸中间靠拢）处，呈偏长条形，向上朝眼尾处，向下朝嘴角处渐渐淡化消失。这条近似纵向分割的色块，将人的视觉上下引导，使脸型收缩，增强了修长的感觉。

4．黑皮肤的腮红涂法

对于皮肤较黑的人，化妆时，为追求白皙的效果而一味涂白粉以覆盖的方法并不可取。相反要顺应"黑"的特点，在面颊修饰时，改用膏状腮红，因为膏状腮红能表现出肌肤透明的质感，比用粉质腮红效果更佳，能给人感觉是从皮肤内透出的红晕，健康富有生机。腮红色的选择应浅淡自然，宜用比肤色较鲜艳些的浅色（如浅棕色），同黑皮肤相匹配。这里需要指出的是，黑皮肤的人涂腮红选用深红色及艳红色效果并不好，前者色相虽属红，但明度过暗，与黑皮肤明度相近；后者色彩纯度过高，显得生硬，不易协调。

5．白皮肤的腮红涂法

白与黑在服装色彩搭配中，可同任何色彩相配，因为任何颜色在白和黑的衬托下都会愈加鲜明。但是在面颊的修饰上却恰恰相反。我们追求的是自然生动，生活妆中强烈的对比只会让人看上去不舒服，因而在白皮肤上涂腮红应减弱色差，选用浅桃红、浅棕红等低纯度的腮红效果较好。深红和大红色用于白皮肤缺乏柔和，不够自然。

第七节　生活妆

　　生活化妆以自然为原则，使用色彩化妆品对面部着色修饰后，人立刻就显得精神，使自然美得以升华。在某些特定的场合，女性若没有化妆，会被视为没有礼貌。但很多人还没有掌握正确的化妆方法，什么都往脸上抹，效果并不佳。面对色彩化妆品，我们必须下功夫掌握融合使用各种彩妆品的手法，经过一道道复杂的程序，尽量修饰、矫正缺陷而不留痕迹。生活妆大体分为三种：正妆、浓妆和淡妆。下面分别对这三种生活妆的化妆步骤及特点进行介绍。

一、正妆

　　正妆，如图3-87所示，就是较正式的妆，妆容塑造符合大多数人的审美观。要求不搞怪、不出格，让人感觉精神状态良好，态度积极向上。由于正妆需要使用粉质化妆品，因此在夏季不宜使用，敏感型皮肤也不适合。化妆步骤如下：

　　（1）洗脸：化妆前用微温的水把脸洗净。

　　（2）涂润肤品及隔离霜：洗好脸后，马上在湿润的脸上涂一层无色的润肤品，用由下往上的手势将润肤品推向毛孔根部，涂抹均匀，如图3-88所示。进行清洁、润肤步骤后，再涂层隔离霜，若润肤品已兼具隔离霜作用，可不涂隔离霜。该步骤作用是保护皮肤，减轻色彩化妆品对肌肤的刺激，也可以使粉底更持久。

图3-87　正妆

　　（3）涂粉底：粉底有粉底霜、粉底蜜等，可根据妆型及肤质的不同进行选择。粉底的色彩选用以接近自己皮肤颜色为宜。如果化妆后希望产生自然效果，就应选择与自己肤色一致或深一些的粉底；如果化妆后希望有白皙的效果，则可挑选比自己肤色浅一些的粉底。

　　如图3-89所示，用海绵蘸着粉底将其均匀抹在脸上，或按图3-90所示，用手指指腹将粉底拍在脸上，用向下的手势将粉底涂匀；由上至下、由内至外的手法，可以使粉质不易堵塞毛孔。颧骨下也要涂抹，让色调在颈部自然地逐渐淡去。如果脸上的黑眼圈、青春痘、黑斑较重，可用棉花棒蘸少许遮瑕霜重点擦拭。

　　（4）扑蜜粉：用粉扑涂粉饼（或拍干粉）在额头、鼻子、眼肚、眼盖、面颊、下颌处抹匀。该步骤起到定妆作用，并吸收水分和油分，形成柔和细密而有透明感的妆面。

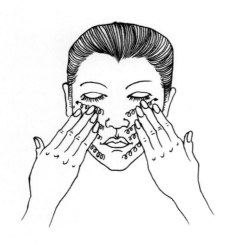

图3-88　涂润肤品

（5）眼部化妆：选择1～3种适当的眼影颜色，如图3-91所示画眼影，从睫毛根处以由深到浅的颜色向眉下方晕染，或者从眉下方以由浅至深的颜色向睫毛根处晕染，表现出层次感。深色显得凹陷，浅色显得凸起，深色和浅色眼影互相配合，加强了眼部的结构。下眼睑可画眼影，也可不画；如上眼睑的眼影较深，下眼睑须从眼尾向眼头方向稍加晕染，以使上下眼睑过渡自然。

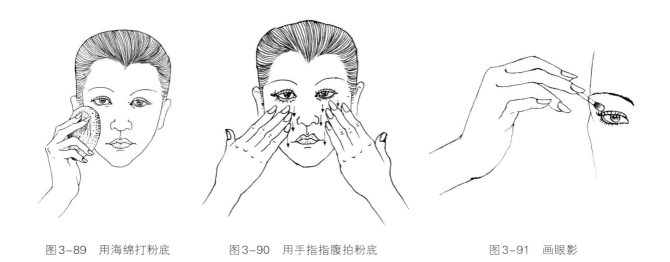

图3-89　用海绵打粉底　　　　图3-90　用手指指腹拍粉底　　　　　图3-91　画眼影

根据需要决定是否画鼻影，鼻影部位要强调明暗，画出立体感，故鼻影颜色是在同一色里涂出深色、中间色、浅色，以明暗对比产生高低起伏的效果。完成眼鼻影的晕染后，再如图3-92所示，描画一条细眼线，用眼线笔先画上眼睑的眼线，再画下眼睑。

（6）画眉：眉是衬托眼睛的，所以眉的形状及颜色要与眼睛互相协调。画眉时，可先用一种眼影色打底，再用眉笔按图3-93所示描画，这样更为自然。如直接用眉笔画眉，画完后需按图3-94所示，用小眉刷轻轻地刷几下，使画的眉毛与自然生长的眉毛糅合在一起，消除眉笔的痕迹。

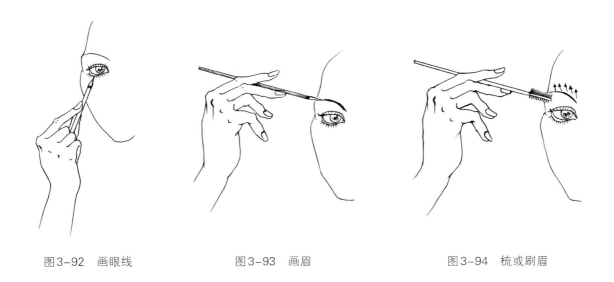

图3-92　画眼线　　　　　　　图3-93　画眉　　　　　　　图3-94　梳或刷眉

（7）涂腮红：腮红的颜色不宜太红，注意与眼影色的协调。如图3-95所示，用腮红刷蘸上腮红，再按图3-96所示，将腮红刷在手背上轻弹，除去多余的粉，然后如图3-97所示，从面颊开始向发角处晕染腮红。

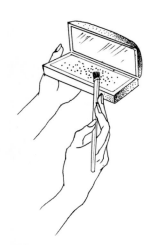

图3-95　腮红刷蘸上腮红　　　　图3-96　在手背上轻弹除　　　　　图3-97　涂腮红
　　　　　　　　　　　　　　　　　　去多余的粉质

（8）染睫毛：粉质化妆品使用完后，再涂睫毛膏和口红，以免粉质弄脏睫毛和口红。涂睫毛膏前，先用睫毛夹卷曲睫毛（图3-98），使睫毛向上弯翘。涂睫毛膏时，要用一只手指提按眼皮，以免眼皮眨动使睫毛膏弄到皮肤上，如果睫毛膏弄脏妆面，待干后用棉签擦拭。使用睫毛膏后，在未干时用小型睫毛梳从睫毛根部轻轻向上梳理，使之整齐自然，如图3-99～图3-102所示。

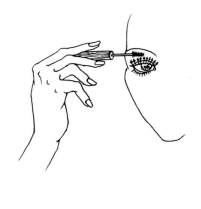
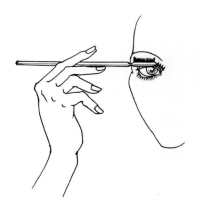

图3-98　夹卷睫毛　　　　　　　图3-99　涂上睫毛膏　　　　　　图3-100　梳睫毛

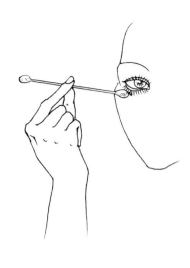

图3-101 涂睫毛膏　　　　图3-102 棉签擦拭污点

（9）涂唇膏：用唇线笔按图3-103所示勾出唇型，然后再如图3-104所示涂上口红，唇线的颜色一定要与唇膏的颜色一致，并且要略比唇膏的颜色深点。

（10）检查化妆：一般人都是在1米以外的距离相互谈话或打招呼。所以，可在镜前50厘米处审视自己，并加入一些面部表情，就如同看到他人眼中的自己，对面部整体的平衡做出较正确的判断，感受真实的效果。

图3-103 画唇线　　　　图3-104 涂口红

二、浓妆

浓妆包括晚妆，如图3-105所示，新娘妆，如图3-106所示，以及新潮妆、幻彩妆等。生活中常见的浓妆是晚妆。参加晚间的宴会和舞会，室内的灯光和色光使面部颜色变淡，如果化淡妆或不化妆，在灯光下显得缺少朝气。化浓妆十分讲究技巧，层次要分明，色彩要突出，若能画得好，能给人高贵艳丽的美感。化浓妆与化正妆的方法基本相同，只是在着色方面颜色比正妆要浓厚一些，在面部结构塑造上要比正妆稍加强调和夸张，在化妆品的选用上也比正妆丰富。与正妆比较，浓妆具有如下几点不同之处：

1. 多种粉底修饰面部轮廓

（1）粉底：选用与皮肤颜色相配的颜色，涂粉底时颈部与手臂也要涂上。一般浓妆用的是膏质粉底。将粉底涂匀后，还需用手一下一下按摩印贴粉底，使粉底打实，这样粉底会更服帖、更持久。

（2）光影粉底膏：颜色为米白色，用在鼻梁中间、眼肚、下巴等需要提高和遮掩的地方；以光影粉底涂白，作用是使鼻梁更高、下巴更突出，将眼肚、暗斑、黑眼圈、皱纹等遮盖起来。

（3）阴影粉底膏：颜色为咖啡色。亮色有前进感，暗色有后退感。在适当的部位打阴影粉底膏，可使浮肿、肥厚的眼圈显得凹陷，使扁平肥大的鼻型变得高挺，使宽大臃肿的脸型轮廓得到改善。

图3-105　晚妆

图3-106　新娘妆

2. 眼部化妆大胆夸张

浓妆的眼影色一般使用三种颜色，最多可达五种颜色。浓妆的眼影可用膏质的眼影膏，其效果更明显更持久。多种颜色及深浅互相配合，可使眼部轮廓塑造得更清晰，眼部色彩更丰富。

眼线的线条可粗一些，但也不宜过粗，否则显得不自然。

睫毛需用睫毛夹卷曲，再刷上睫毛液，或者戴上假睫毛。若想使睫毛看上去更长些，可两次涂刷"延伸"睫毛膏，即待第一次干透后再刷第二次。

3. 腮红浓艳强调层次

浓妆应选鲜艳的腮红，或两三种颜色同时使用。涂腮红可以改善面部轮廓，如脸胖、脸方、颧骨大，先用棕色的阴影粉打出颊骨轮廓，深色腮红能使面部轮廓变得较为理想。打腮红色时要用手指上下印匀，将颜色打实，如图3-107所示。颜色由深至浅，与粉底不应有明显的分界线，而且腮红的面积、形状要视脸型的宽窄而定。

4. 唇妆突出明艳

用唇线笔将唇部轮廓修成圆润的曲线，然后配合妆型及服装色彩选择相配的口红，最后再加一层亮光唇膏，使嘴唇更加光泽明亮。

图3-107　手指上下印匀腮红

三、淡妆

淡妆，如图3-108所示，是日常生活中较为普遍的化妆手段。略施脂粉，轻点朱唇，浅涂淡抹，对面容稍加修饰和轻微美化，使人显得清秀典雅，素淡自然。在家休息，可施以朴实优美的主妇妆；去上班，可施以简洁明快的工作妆；外出旅游，可施以色彩自然的旅游妆。这几种化妆均属于淡妆。

淡妆具有以下特点：

（1）对化妆品的使用强调巧用、精用、慎用和少用。如眼影只需一两种颜色，一明一暗来搭配就行；也可不用眼影。

（2）颜色淡薄，没有明显的痕迹。如口红用自然色，不画轮廓线，腮红淡淡地涂一层或不涂，轻描眉，淡施粉或不施粉。

（3）淡妆采用点妆法（也可说成"点化法"），即将面部主要部位稍加修饰，不必过分强调。"点化法"只化眉、眼、唇，而不对皮肤打底，使皮肤通畅。眉目清晰，同样美丽。如对眼睛、嘴唇、眉毛等处略加修整描画一下，人就显得精神焕发了。

（4）时间短，速度快，以3分钟左右为原则，只要能把握重点，便可在最短的时间把妆化好。

（5）按自己习惯的顺序来化妆，不拘泥于繁缛的顺序，强调嘴唇、眼睛的化妆可留待最后再做，可边化妆边注意整体的平衡，避免使眼睛的妆化得太浓。

如图5-1所示的运动妆，是典型的点化法淡妆，洗尽铅华，水晶透明。运动时人会出汗、排泄，化妆似乎多此一举，还会给皮肤造成功能障碍。可是爱美的女性，不会放弃在运动中与人交流的机会，运动沟通、运动交际、运动传情……怎样化妆使人既亮丽又不影响运动中皮肤的功能？这时采取"点化法"化妆，就能收到良好的效果。

图3-108 旅游淡妆

第八节 舞台妆

进入20世纪以后，戏剧、电影的发展，给化妆提出了化"舞台妆"的专业要求。与此相应，化妆品制作进入了一个革命的时代。

1979年上映的电影《周末夜狂热》（*Saturday Night Fever*），造成迪斯科的疯狂，如图3-109所示。朋克风潮随后袭来，其化妆造型哗众取宠；眼影冷艳夸张，有宝蓝、紫、绿色，甚至金色和银色；大胆的互补色配色法，使得眼部化妆成为绝对的重点；腮红也被刻意强调，无论粉底、眼影、眼线和口红都闪闪发亮，既浮华炫目又夸张造作，颇有现代舞台妆的效果。另一方面，浓眉、中性装扮和自然肤色也很受欢迎，掀起了注重个人特色和健美形象的个性妆风潮，审美的标准愈来愈多元化。

虽然舞台妆来源于生活，却高于生活。随着戏剧、影视艺术的发展，舞台妆对生活妆越来越有借鉴意义。舞台妆是靠视觉效果打动人，而生活妆是靠真实、具体打动人。

图3-109 《周末夜狂热》剧照

一、舞台妆的三特性

1. 从属性

从属于舞台的表演风格，如浪漫主义、现实主义、先锋派、荒诞等风格；从属于舞台剧的表演形式，如历史剧、舞剧、歌剧、喜剧、悲剧等；从属于剧情的角色性格、年龄、性别、生活环境等。它与舞台的灯光、布景有机统一。

2. 表演性

舞台妆的设计与现实生活有距离，这就给我们提供了发挥创造的天地。其妆容可以冲破现实生活的束缚，可根据表演的需要，创造出非常独特的妆容。舞台妆所使用的化妆品，可以不拘泥现实生活中的常规化妆品。表演艺术是时间、空间、视觉、听觉的综合艺术，人们在欣赏表演时，在视觉上有一定的距离，加之灯光效果营造了一种"虚幻的真实"，因此在化妆设计中可以拓展思路，寻求更确切的表达形式。

3. 艺术性

不言而喻，与生活妆相比较，在形式美感的追求和艺术性的发挥上，舞台妆有更大的自由度，这里只有艺术的美，不受现实的制约。

二、舞台戏剧妆的表现功能

1. 再现功能

戏剧妆的最大特点是它的再现功能，戏剧妆既可以再现剧中虚构人物的角色、地位、职业、贫富、年龄、性格等角色表演的要素，可以借助戏剧妆加以表现，还可以揭示人物间的相互关系、人物角色的命运及他们内心世界的变化。同时，戏剧妆也能间接地展现人物所处的时代环境，充分展示戏剧的主题风格。

2. 表意功能

表意功能也称为符号功能，这是戏剧妆又一个显著特点，即通过人物表演演绎戏剧蕴含的意义。

3. 组织功能

从舞台整体关系来看，戏剧人物的妆型、风格不仅体现了角色的个性特征，同时对整台戏剧的人物也构成了一个清晰的人物谱系。

4．适用功能

舞台戏剧妆还必须考虑到每个演员自身的形象特点，它构成了戏剧妆的适用功能。它通过化妆技巧，塑造人物角色形象，改变演员面部自然形态特征的不足。

三、舞台上最常见的妆容

1．结构妆

结构妆是现代舞台上最常见的化妆方法，产生于20世纪70年代。这种妆容着重精雕面部立体感，化妆时要将眉毛挑高，露出眉骨，然后在眉骨上涂淡色，增加明度。用腮红把脸型修饰得削瘦立体。鼻影不能少，要尽量把鼻梁拉长、拉高以凸显五官。色调为原色调，也就是深浅不一的咖啡色，或带粉红的灰棕色调等。

结构妆通过立体塑造，加强面部立体感，使五官结构清晰，非常适合舞台上远距离的视觉效果。

（1）强调眉骨眼盖的化妆法：中国人与欧洲人除肤色、发色的差异外，另一个差异是，与欧洲人相比，中国人面部结构平坦。

大结构妆，如图3-110、图3-111所示，通过强调眉骨、眼盖、鼻梁、面颊，产生骨骼清晰的立体感。该妆容的化妆难点是眉骨凹陷部位的确定。另外，结构妆适合眉眼距离较宽者，眉眼距离不够宽者，其结构难以塑造，需将眉尾去除，将眉提高。

图3-110　大结构妆

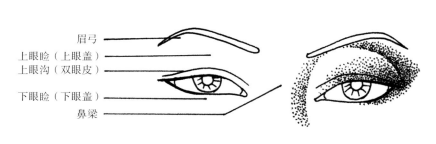

眉弓
上眼睑（上眼盖）
上眼沟（双眼皮）
下眼睑（下眼盖）
鼻梁

图3-111　强调眉骨眼盖的化妆法

（2）强调眉骨双眼睑的化妆法：对眼部的妆饰，中国人不太敏感。中国人属蒙古人种，眼睛小且多单眼皮。古时人们喜丹凤眼，即细而秀长的眼型；现代人喜大眼，即大眼睛、双眼皮的眼型。

小结构妆，如图3-112、图3-113所示，其方法是画一条假双眼线，再通过明、暗塑造，实现视觉错觉，改变眼部平坦乏味的印象，实现结构丰富、立体的效果。该妆的化

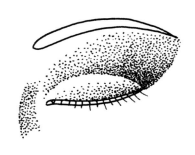

图3-112　强调眉骨双眼睑的修妆法

图3-113　小结构妆

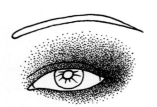

图3-114　烟熏眼

图3-115　烟熏妆

妆难点是双眼线位置的确定。由于画的双眼线在眼睛睁开后就变窄了，因此需画宽一些。不能将这条双眼线画成一条"铁丝线"，应由后向前，由深至浅描画。

2. 烟熏妆

19世纪"贝拉得那"消失后不久，人们研制出可以使眼睛变得目光流盼的化妆品，这就是眼影粉和眼影膏。

烟熏妆，如图3-114、图3-115所示。烟熏妆的重点是对眼睛进行修饰，该妆能使眼睛变大，且有强烈的视觉效果。在影视、摄影及舞台上，我们常常可以见到这种妆容，以大大的眼睛、长长的睫毛为特征。

烟熏妆的化妆技巧容易掌握，且视觉效果显著，但也容易出现一些常见的问题，现提示如下：

（1）该妆通常选择接近黑的单色眼影如深灰色、深咖啡色、深蓝色、深紫色、深绿色等。单色且深的颜色在晕染过程中自然过渡很重要，不然容易产生脏、不匀的感觉。

（2）眼影的涂染部位，以眼睛的后半部分为中心向四周晕染（眼距太宽者除外）。这样化妆能使眼睛重心有向外扩展的感觉，眼睛显得大。如果眼影的涂染部位以眼睛的前半部分为中心，就会产生五官结构拥挤的感觉。

（3）该妆型的化妆重点在眼部，不宜使用大红等非常抢眼的口红，使视觉中心发生转移。

（4）该妆由于眼影色很深，脸色易显得苍白，有必要使用腮红，使脸颊有红润的效果。

3. 情境妆

演员的化妆效果，对其演出效果有一定的影响。当演员意识到自己很"像"戏中那个角色时，演员就会进入一种非常自然的角色情绪中，以角色的言行动作和性格行为去表演。否则，演员会觉得还未完全摆脱自我意识的控制，表演起来拘谨别扭。以喜庆妆、怀旧映象、民俗映象、面具幻影为例对情境妆进行讲解。

（1）喜庆妆：如图3-116所示，再现喜气场景，妆容的表现形式是运用红色，颜色能使人产生相应的情绪，这种情绪主要取决于人的主观心理因素，有时与人的生活经验也有很大关系。

可以通过色彩来表现兴奋与沉静。明色、暖色是令人兴奋的色彩，如红、橙、黄，往往使人联想到阳光、火焰、热闹等场面而引起人的兴奋感；暗色、冷色是使人沉静的色彩，如蓝、绿、青紫，常常使人联想到大海、天空、森林等遥远、宁静、神秘的地方，引人沉思、平静和休息。当然，这也不是绝对的，不同文化背景对色彩的认识也有所差异。在中国传统文化中，红色表示喜庆，而在另一种文化背景下，红色可能表现为血腥。

喜庆妆运用中国传统化妆方法，用红色在眼睑及面颊上晕染出大面积的红色，由深至浅、由浓至淡，表现出面容红润，令人喜出望外的视觉效果。这种红色妆容，我们可以在中国戏曲及民间庆典场合见到。

（2）怀旧映象：如图3-117所示，有一番素雅的古典美。在中国古籍的记载中，几乎没有谈到眼妆的，画眉极多，描目却少；但从古人留下的绘画中，我们似乎还能看到些许古代女子对眼睛描画的痕迹。清朝时，满族和汉族妇女虽然也抹粉、点唇、画细眉、涂腮红，但当时崇尚清秀柔美的妆扮。清后期至民国，受西洋风俗的影响，民间女子描眉画眼渐为普及。1911年辛亥革命后，无论男性或女性，在妆扮方面开始走上西化之路。这一时期的女性妆扮，保留了清朝的细长柳叶眉，唇型虽然画大了些，但基本上仍然维持朱红的小嘴。20世纪20年代受好莱坞默片的影响，偏白的肤色成为主流，但却没有默片中夸张的五官，而是描绘出细长且眉尾略为上挑的眉型，配以微微晕红的双颊及小嘴。至新中国成立，传统中国式化妆完全绝迹。

（3）民俗映象：民俗学作为一门学科，直到1846年才创立。当时一个叫威廉·汤姆斯（Willian Thoms）的英国人在《雅典娜神庙》杂志上发表一篇文章，提议以"民俗"（Folklore）一词来代替当时流行的"大众古习"（Popular Antiquities）一词。这个名词逐渐为各国学界所认同。在中国，第一个使用"民俗学"一词的是周作人。民俗是一个传承性极强的文化现象，并不与社会的变革亦步亦趋。因而，中国民俗史不能套用中国历史。

隋唐时期，妇女面部的化妆就如同当时兴盛的国力一般灿烂，浓妆艳抹，变化多端。隋唐的都城在现今的西安，所以在我国西北地区，至今还可以见到古老的妆容艺术。"眉间俏"就是在两眉头间点红点；每当旧历新年或重大的庆祝活动，大人们就会为小孩子点上"眉间俏"，以增添节日欢快的气氛。"面靥黄"就是在脸蛋"酒窝处"点上两个黄豆大小的小点点，中国人认为女孩子有酒窝儿很可爱（图3-118）。

图3-116 喜庆妆

图3-117 怀旧映象

图3-118 民俗映象

图3-119　面具幻影

（4）面具幻影：如图3-119所示。假面，隐藏了真实的自我面容。"面具幻影"妆容有一种中世纪肃穆的美，宁静内敛，没有霸气。中世纪还被人们称为"黑暗的中世纪"，宗教压抑人性，没有色彩，人们素面朝天。

在罗马时代，贵妇们就已使用黑色圆点来妆点面庞。面具幻影，运用黑白对比，阴阳合力，犹如包含着无数个暗流的平静水面。

这款面具幻影，厚厚的白粉好似假面具；流动的黑点化静为动，体现出节奏，有种凄美、沉思的美感；在庄严肃穆的面容上，透露出一种神秘气质；以忘我境界进入妆容形象的情景之中，以一种宁定的思绪去抚平痛苦的心灵历程。妆容有趣的地方在于可以去尝试、创造、雕塑自己的风格。观赏者可按照自己的意愿，对所见事物进行选择、组织并赋予意义。

 思考与练习

1. 皮肤性质大致分几种类型？每一种肤质各有哪些特点？

2. 彩妆常备用品和用具有哪些？

3. 如果某人眼距大于一只眼睛，眼部化妆应如何处理？

4. 如果某人眼距小于一只眼睛，眼部化妆应如何处理？

5. 生活中较正式的化妆（正妆）的化妆步骤。

6. 照镜子发现自己的面部缺点，并通过化妆适度弥补缺点。

7. 照镜子发现自己的面部优点，并通过化妆发扬优点回避缺点（扬长避短）。

8. "三庭五眼"指脸的长宽比例。三庭：从发际线到眉间连线、眉间到鼻尖、鼻尖到下巴尖，为上中下三庭，三庭比例为1∶1∶1。五眼：指眼角外侧到同侧发际边缘，刚好是一只眼睛的长度；两眼之间也是一只眼睛的长度；另一侧到发际边也是一只眼睛的长度；加上两只眼睛，刚好是五只眼睛的长度。请观察自己和周围的人是否符合"三庭五眼"的标准比例。

9. "四高三低"指面部垂直轴上的美学标准。四高：额头高、鼻尖高、唇珠高、下巴尖高；三低：两眼睛之间的鼻额交界处低、人中沟低、下唇的下方小凹陷低。请观察自己和周围的人是否符合"四高三低"的美学标准。

10. 怎样通过化妆，使脸的轮廓更接近亚洲美女的标准：瓜子脸、高鼻梁、大眼睛；五官位置、大小的具体标准是三庭五眼、四高三低。

11. 生活淡妆有哪些特点？

12. 舞台妆有哪三个特性？

第四章
Chapter Four

角色化妆形象设计

每个人都有自己的社会角色。面对父母，你是女儿；面对儿女，你是母亲；面对丈夫，你是妻子；面对老师，你是学生；面对下属，你是领导……社会角色就是一种社会身份，意指一个人处于某种特定的社会情境中，用来呈现自我的一种身份角色。

在不同的交际场所，每个人"扮演"着不同的身份角色，妆扮或表现并不相同。角色和一个人在某种情境中所具有的特质有关。形象设计的工作促使我们预期自己在某些社会情境中的角色，并据此将自己呈现于他人面前。如果一个人带着一系列的角色进入某个社会情境时，在情境中展现个人特质的方式之一，便是确认出自己最为明显的社会角色。例如，赵女士今天要参加一个商务会议，出席会议的成员中有她的领导、有她的同事，还有她的儿子，在这样一个情境中，这位女士最为明显的社会角色显然不会是母亲角色。许多角色提供了一个人进行选择与解释的机会，能使自己更具有个人风格。

每一种角色都有自己定位。凸显角色是一种选择的行为，也是一个人在定位自我时，决定哪一个角色比其他角色重要的过程。因此角色是某种依情境而决定的自我形象。角色这个字眼并不能用来取代自我；相反地，当一个人具有某种社会角色时，他一定处于某种社会关系中。例如，当一个母亲穿上法官制服时便表达了她的职业角色。当知觉者确认她的职业角色之后，这个角色便成为某种构成自我的有意义的成分。

在如今竞争日益激烈的就业市场上，仅仅持有资格证书甚至有工作经验还是不够的，雇主们的要求越来越高。每位宾客都希望为自己提供服务的人有较好的素质。当我们走入星级宾馆，服务员亲切的面容让人感觉宾至如归；当我们进入大的商场，售货员和蔼的面容让人感觉诚实可信；当我们外出随团旅游，导游热情的面容让人感觉身心愉快。在服务人员提供的优质服务中化妆起了重要的作用。我们都知道，随着社会的发展，许多企业规定女职工要淡妆上岗，目的是焕发人的精神风貌。人类在符号化世界的同时也符号化本人，把自己纳入到各种"关系"和"规则"当中。当面容造成视觉障碍而随之带来思维的障碍以及大众传播的障碍时，此人就有被淘汰的可能。因此，妆容符号的自身运动就自然而然地提出"革命"的要求——求同和规范、普及和约束。化妆能使疲倦、斑点、暗黄等无序面容转化为有序的、规则的、可认知的形象化面容。良好的化妆形象必然使顾客对其服务产生良好的印象，从而树立企业的良好形象。特别是某些具外向性的工作部门像营销部、人力资源部、财务部等部门，个人形象至关重要。但遗憾的是现在还很少有公司能够提供企业员工形象设计服务。

第一节　OFFICE一族

一、职业女性

职业女性应恪守的信条是沉稳、干练、典雅。职业妆追求自然，如果你是一个职业女性，身边的人不知道你化了妆，只是觉得你的精神状态很好，那说明你的妆化得很不错。也就是说，"较少就是较多"。职业女性化妆应该注意协调，不可以太夸张，也不可以太引人注目。化妆后，我还是我。化妆后，我不像我，别人认不出我，那就失去了自然的风尚。当我们去商店买化妆品常令人困惑，售货小组浓妆艳抹，她们可能每天早上花一个钟头的时间来为自己化妆，到了晚上还得花上半小时卸妆并保养皮肤，这样的妆容不大适合上班族中的职业女性。

上班族中职业女性适合什么样的彩妆呢？首先，选择色调的原则是让自己看上去健康美丽，注意眼影、腮红、口红、发色、服装的相互协调，然后掌握适合自己的化妆技巧，关键是得学会自己去做这一切。学会以后，每天早上只需用上十分钟，就能让自己整整一天光彩照人，如图4-1～图4-4所示。

图4-1　Office小姐形象设计效果图　　图4-2　设计后的Office小姐　　图4-3　Office小姐形象设计效果图　　图4-4　设计后的Office小姐

职业女性化妆的几点小技巧：

（1）选择与自己皮肤相近似的粉底，太白或太深的粉底会让颈部和脸显得不自然。

（2）如果面部的瑕疵影响到自身的形象，就选择遮瑕膏将之覆盖掉。

（3）若脸上缺少红晕显得不健康，可在脸上打些腮红。

（4）用粉扑沾上少许透明散粉固定粉底，也称之为定妆。

（5）在涂眼影之前，先在眼睑处轻涂一层眼霜，这样眼影可以保持12小时以上而不产生明显的皱痕。

（6）选择1～3种眼影色，由自己的喜好而定。选择深浅不同的棕色系或灰褐色系，显得更自然。

（7）选择与自己本身的眉毛颜色接近的眉笔画眉。

（8）是否用睫毛膏可根据自己的习惯。还可以用小睫毛梳子沾少许啫喱水轻轻梳睫毛，使之定型有光泽。

（9）画眼线可以使眼睛轮廓更清晰，但不需要将整个眼眶画满，在离眼尾三分之一处开始画，延伸至眼尾。

（10）唇型轮廓不佳者，可用唇线笔勾画唇型，再上唇彩。

对于职业女性还应注意化妆礼节，不然同样有损形象。化妆适合的礼节是，不在同事面前化妆，不论是男同事还是女同事，应该去化妆室或洗手间补妆。在饭桌、办公室、与他人同乘的车上，举镜化妆是不妥的。

二、职业男性

职业男性虽不必像女性一样化妆，但整洁的形象还是至关重要的。在工作场合，每当得到他人赞许有风度、举止得体时，就能从赞许中获得自信，从而工作会干得更出色。我们周围许多才华出众的人，往往由于个人形象不佳而得不到他人应有的重视。修饰自己并不需要占用很多时间，但却能由此获得不少收益。成功的修饰实际上是对自己、对他人的一种尊敬，如图4-5所示。

男性面部修饰注意事项：

（1）适合办公场合用的修面液和香水一般应该是清香而又淡雅，并且应该有一种清爽的味道。当然，没有什么味道比刚洗完澡后新鲜、净爽的气味更能使周围的人感到愉快。

（2）男性也应像女性一样精心维护自己的皮肤，每天洗脸三次，去除积累在脸上的灰尘和污垢，涂抹少量保湿液使皮肤保持长时间的湿润。

（3）改变眉毛存在的缺陷，修整多余的毛或不规则的形状。

（4）外露的鼻毛让人厌烦。买一把修剪鼻毛的专用剪刀。

图4-5 职业男性形象效果图

（5）勤于修面的男士在工作中更容易被他人接纳。有权威或德高望重的长者，如果有蓄须的习惯，不可忘记经常对胡子进行修剪，特别是要把颈部上的"胡须"修理干净。

（6）保持牙齿和齿龈健康是每日优先考虑的事情。每天刷三次牙，尤其是在午餐后。一次专业性的牙齿清洗能带来惊人的变化。

（7）手总是不可避免地暴露在别人面前，保持手和指甲的清洁，并用护手霜护理双手。

第二节　接待人员

图4-6　接待人员形象
　　　　效果图

图4-7　礼仪型接待人员
　　　　形象效果图

每个公司都应该注意公司形象与员工形象之间的协调，因为公司通过宣传等其他方式树立起来的形象，最终由员工来体现和加强。公司应制定员工形象标准，以帮助他们维护公司形象。

公司接待人员通常多为女性，公司主管应该让她们了解：作为公司接待员是代表公司接待宾客的，给来访者的第一印象非常重要。因此，人事部门在招聘接待人员时必须严格筛选，并制定严格的用人规范。因为一个最佳的接待人员是公司形象的代言人（图4-6、图4-7）。

作为接待人员应当遵循以下化妆形象设计准则：

（1）女性接待人员应淡妆上岗，化妆与发型应整齐、清洁、端庄。不应在接待宾客时整发或补妆。

（2）珠宝首饰接待人员不宜佩戴太多，应选用不会叮当作响、不夸张招摇的饰品。

（3）不在座位上吃东西、嚼口香糖、抽烟或喝饮料。

（4）手和指甲必须随时保持整洁。

（5）当有访客时，接待人员要微笑打招呼，言语态度都要显出很高兴的样子。当以电话告知有客来访时，声音里要充满愉快。

特别值得注意的是，不要把流行的"酷"妆带到工作岗位上来。因为工作时作为企业员工，应按照企业员工的化妆礼仪规则要求自己，到公司接受服务的都是企业的朋友，是服务对象。所以，绝不能将其他化妆形象带到工作岗位上来。

第三节 高级主管

当一位新的企管部经理走马上任时，他的上级在考察他时，通常会注意到个人形象、人际沟通能力、人品、性格等。

一、女性主管

女性主管在家时可以裸胸露背，谁都管不了，但在办公室的场合就要注意了。不论参加公司的工作会议或舞会，对女性主管而言，要注重仪表仪容，尽可能打扮得端庄，头发、化妆、首饰和服装应该协调，妆扮要非常优雅、完美，不致令人迷惑（图4-8、图4-9）。

图4-8 高级主管　　　　　　　图4-9 高级主管形象效果图

二、男性主管

女士们通常羡慕男士不用花多少精力去妆扮，以为他们只要穿上一套得体的西装就可以了。在今天的商业社会里，越来越多的男士意识到这是不够的。

这里给那些希望更出众、更成功、更令人感兴趣的男士提些建议：

（1）内衣不仅要干净，也要注意合身。

（2）第一次与重要人物见面时，着装要尽可能含蓄，不要表现出咄咄逼人的风格。色彩和款式较含蓄的高级丝质领带比色彩艳丽的领带更合宜。

（3）眉毛间杂乱的头发看上去不整洁。

（4）参加重要会议，首先要考虑清楚自己应以什么样的形象出现，然后，再考虑相应的服饰。

（5）如果10年发型一直不变，肯定会显得落伍，甚至比实际年龄显得老。去设计一个好的发型，改变原有的习以为常的形象。

（6）如果你总是等鞋子脏了才去擦，那么皮革就很容易老化，一般穿三次就应该擦一次。

（7）一次性钢笔只适合学生或临时工用，优质钢笔更能反映你的成功和个性。

（8）手指甲应每两个星期就修剪一次。

（9）塑料制的手表都是少年的玩物，包括潜水式的手表都会有损职业人士的形象。

（10）对于有机会单独和客户接触的职业男士来说，个人卫生是非常重要的。每天换衬衫，早晨洗淋浴，早晚刷牙等。

（11）谐趣而新奇的袜子对职业男士而言，会显得狂妄而不成熟。选择能与裤装和鞋子相配的素色或黑色袜子。

第四节　求职人员

不论是已经有工作经验者或是刚毕业的学生，任何想获得一份工作的人都需经过面试，所以专门探讨一下有关面试形象设计技巧是有必要的。首先要清楚文凭并不是一个人得到工作的唯一条件，招聘单位更需要那些使他们信服的应聘者，如有组织能力、工作勤奋、善于沟通的人。更重要的是，在面试的整个过程中要流露出对这项工作的热爱之情。

面试最初三分钟的印象非常重要，在这三分钟里主考官对求职者形成了感性印象，印象好可能会给这个人更多的时间深入了解，印象不好可能就结束面试，或缩短面试过程。也许有人要问："这不是以貌取人吗？"实际上，在相互不认识的人之间，以貌取人并没有错。因为在最初的印象中，形象是对方获取最有效、最直接、最快捷信息的途径，对方不可能在这么短的时间里准确得知一个人的全方面能力。如关于一个人为人处事、人品才能等的信息，需要长时间接触才能获取。

通过了最初三分钟的测试后，考官仍然对这个人有兴趣，证明考官尚未做出是否聘用这个人的决定，也意味着这个人仍然存在受聘用的机会。外在形象对一个人有信心越过最初的障碍起着重要的作用。如图4-10、图4-11所示。

图4-10　求职人员

图4-11　求职人员形象效果图

求职面试时应遵守的妆容形象原则是：

（1）面试前一晚必须睡眠充足，使皮肤保持光洁。

（2）女性用浅色彩妆化一个自然的淡妆，脸上有斑点的女性要用遮瑕膏将其遮盖。不化妆的女性以及蓄须的男性，在求职过程中容易遇到偏见，从而减少了许多本应属于自己的机会。女性若浓妆艳抹，比没有化妆的应聘者更糟糕。化淡妆，让面部显得清新自然，是最受人们欢迎的。

（3）头发要保持干净，不要用油滑的定型膏，否则会给人湿漉漉的感觉。留长头发的女性，要把头发扎起来，束带应简单而自然，不要使人觉得稚气未脱。

（4）洗净、修整齐指甲，因为在与人握手或做记录时，指甲不清洁总是让人尴尬的事情。女性不要用有色指甲油，应用无色自然的指甲油，这样看上去显得更健康。

（5）不要喷香水，否则会分散考官的注意力。

（6）面部表情放松，流利自如地表达自己的想法，文雅有度，避免因为紧张使体姿及表情僵硬。

（7）双眼注视说话者的面部，视线不要毫无目的地四处游移。对说话者全神贯注是一种对交流方礼貌的表示。

个人良好形象对获得一个理想的工作起着重要作用。尤其是当你还没有这方面的经验时，需要依靠自身良好的素质，把自己内在的潜质通过外在的形象更好地展示出来，让人愉快地接受。

第五节　舞台演讲

站在舞台上发表演讲是展示能力的一次机会，此时千万不要忽视外表形象，外表形象与演讲内容一样需要重视。

站在舞台上与台下的观众有一定的距离，为了使自己的肤色看上去更健康，可以使用较厚的粉底及散粉。眉毛、眼线、眼影、睫毛、口红都可以比平时明显突出。在灯光作用下，远距离观看就显得非常自然。有句俗话："远看颜色近看花。"说的是远距离看整体，近距离看细节。舞台上的整体形象除了化妆外，还包含了着装、配饰及个人内在的心理素质、自信度、感染力等因素。如图4-12所示。

图4-12　舞台演讲

舞台演讲妆容需要注意以下几点：

（1）化妆可以比平时浓一些，庄重一些。在脸上打一层薄而稳固的粉底。注意凸显眼睛（用眼线笔、睫毛膏和眉梳来处理），还要强调嘴唇。在涂口红前先使用唇笔将唇型清楚地勾勒出来。用半透明粉在脸上均匀地细扑一层，使面部看上去不那么油光显亮，上粉不宜过厚，否则会使人感觉好象从粉堆里出来一样。

（2）在舞台内侧等待出场时，要轻松自如。调匀呼吸，进行几次张大嘴巴的动作，这样可以松弛下巴并使其柔韧舒服，放松紧张的情绪。

（3）开始说话时要微笑地环视听众，然后做一次深呼吸。沉稳自如的微笑不仅给人一种亲切宜人的印象，同时也会让听众意会到，接下来的演讲将会是生动有趣的。

（4）倘若戴着眼镜进行演讲，那么演讲的过程中注意不要摆弄眼镜。因为这样的习惯性动作往往会使听众误以为演讲者是位易冲动、敏感、焦虑不安、故作姿态的人。

第六节　商务旅行

商务旅行，除先了解行程的安排、查询当地的平均气温、初步了解目的地人们的生活方式外，还需要根据自己商务活动的目标，有准备地设计自己的形象。在出现客户精心安排的酒会或商务洽谈活动时尤其要注意保持妆容形象的优雅自然。即使你不在意别人的感受，但别忘了商务活动中个人形象代表着企业形象。

完美适宜的彩妆与服饰的精心搭配，有助于形象的表现。如何配置彩妆品往往是许多人比较困惑的问题。配置不适合自己的彩妆品不仅会造成浪费，也会影响形象的美饰。以下提供常备彩妆品作参考：

（1）根据自己的唇色，携带两色以上的唇膏或多色的唇彩盘。

（2）组合式眼影或二三款基本色眼影，如用于加强眼部轮廓的咖啡色，用于加强眉弓结构的白色，用于画眉或眼影的灰色。

（3）三支基本刷具——唇刷、眼影刷（亦可用于画眉）以及大腮红刷（亦可作为蜜粉刷）。

（4）按个人习惯，携带睫毛膏、唇油、腮红。为了旅程的方便，腮红也可以当作眼影使用。

第七节　旅游角色

旅游前有计划地适时适地准备旅行化妆包。首先了解旅行目的地的气候，确定旅行时间的长短。其次，旅游目的不同，彩妆造型也会有极大的差异。所以出发前要妥善规划所需的彩妆品。彩妆品的选择并没有太大的限制，但为了方便并减少行程负担，在购买化妆品时，记住向专柜销售小姐索取小试用装，旅行时即可派上用场（图4-13、图4-14）。

图4-13　旅游角色　　　　　　图4-14　旅游角色形象效果图

出游必备化妆品，详见表4-1。

表4-1　不同地区旅游化妆品的选择

气候类型	代表地区	考虑因素	必备化妆品
大陆性气候	美国、加拿大、中国内陆、澳洲中部等地	气候：冬季干冷，夏季干热 状况：（1）皮肤易缺水或缺油 　　　（2）常因干燥引起过敏 　　　（3）夏季或冬季滑雪易晒伤 对策：保湿、滋养、防晒	（1）高保湿效果的乳霜 （2）SPF15以上的防晒品 （3）保湿面膜 （4）滋养兼防晒的护唇膏
海洋性气候	夏威夷、日本关岛等度假型岛屿；美国西海岸、英国、日本等地	气候：四季潮湿 状况：（1）皮肤易出汗或出油 　　　（2）到海边易晒伤 对策：控制油脂、保湿、防晒	（1）能收敛毛孔和抑制油脂分泌的清爽型保养品 （2）SPF20以上的防晒品 （3）保湿面膜及美白保养品
热带气候	东南亚、非洲、中东等地	气候：四季高温炎热 状况：（1）易晒伤 　　　（2）肌肤水分流失迅速 对策：控制油脂、保湿、防晒	（1）SPF25以上的防晒品 （2）清洁效果佳的洗面剂 （3）高保湿效果的亲水性凝胶、精华液或乳液
温带与寒带气候	欧洲、新西兰、澳洲、地中海沿岸等地，以及日本、英国的春、秋、冬季	气候：气候多变，秋冬寒冷，春夏湿热 对策：随气候变化调整护肤与化妆的用品	（1）SPF15以上的防晒品 （2）秋冬季使用高保湿、滋润的乳霜 （3）夏季使用控油、美白的清爽型乳液、凝胶或精华液
空调环境	机舱中、旅馆、长途巴士或火车中	环境：干燥 对策：保湿	（1）高保湿效果的乳霜、护唇膏 （2）亦可使用保湿面膜与眼膜 （3）护手膏

旅游过程中皮肤出现问题的紧急处理：

1．晒伤现象

（1）出现晒伤情况应先用冷凉的毛巾稍微镇静肌肤后，使用具有镇定效果的面膜或含芦荟、甘菊等温和且具镇静成分的清爽乳液，先不要急着使用美白产品。

（2）暂时不要使用含酒精的化妆水，且不宜化妆。

（3）戴帽、穿长衣长裤、撑伞，以免肌肤再度晒伤。

2．干燥脱皮现象

（1）出现这种情况，回旅馆后用保湿面膜敷面10～15分钟，补充水分，然后再使用保湿精华液或保湿乳液，锁住肌肤水分。

（2）暂时不要化妆，以免妆粉使皮肤干燥现象恶化。

3．过敏现象

（1）过敏是旅行中经常出现的状况，通常因干燥或使用化妆品不当所致。

（2）如果因干燥引起过敏，处理对策参考"干燥脱皮现象"。

（3）如果因化妆品引起过敏现象，大部分原因是由于防晒用品的使用所致。出现这种情况应停止使用该产品，并采取穿长衣、长裤、撑伞、戴遮阳镜的方式阻挡紫外线。若是保养品所引起的过敏，立即停止使用该产品，或将保养程序简化以减轻症状。

（4）如果因户外花粉、植物引起的过敏症，状况严重者应尽快就医。

第八节　公众角色

事业的成功有时是从良好的公众形象中开始的，尤其是政府官员、企业家及其他公众人物，他们经常被新闻媒介追踪、报道，虽然很多人会否认形象的重要作用，但公众人物的形象会直接影响到大众对他们的评价。注意个人在公众场合、媒介环境中的形象是每个公众人物必备的公关管理能力。

政府高级官员都有形象咨询顾问为其服务。这些形象咨询顾问为他们精心设计在公众场合下出现的时间、范围、过程、影响力，甚至为其准备那些让人印象深刻的演讲，帮助他们提高应对宣传效果的技巧，还为他们的穿着费尽心思。

具备良好的公众形象，公众会根据身旁人的风姿来给他们打分。所以政治家们的配偶，现在也日益被要求注重其个人形象，并学习该如何在国际上维护其代表的国家的形象。

仪表堂堂的外表不一定就能保证选举成功，但是却能使选民有兴趣来听演讲，这样才有机会接触选民，同时也获得让选民了解的机会。仪表自信与从容，会使选民对竞选者的表现投以高度的热情，并且相信竞选者能获得成功，进而影响公众投票。竞选者仪表能在与来自不同的生活背景，不同年龄层次的选民之间架起一座沟通的桥梁。在公众事业生涯中要排除或改变所有仪表上的陋习，修饰自己外貌上的严重缺陷，包括蓬乱的发型、发黄的牙齿、松弛的腹部、不自觉的手势习惯、沙哑的声音、粗鲁的言语等。在服饰和化妆方面进行必要的精心修饰，尽最大的努力使自己的形象恰到好处。一个职业的政治家的形象应该是，穿着高雅得体，富有视觉个性。在公众面前，出色的形象表现本身就是一种强烈的视觉识别，不仅让选民感到平易近人，有亲和力；而且，在形象的视觉记忆中留下了深刻的印象。人们愿意给予自己所熟悉并且有好感的人以信任的回报。

形象设计的特别提示：

1．仪容

公众人物尤其要注意自己的脸，无论是在会议或演讲的过程中或者是面对媒体的现场采访，一幅生动和蔼的表情就是最好的宣传名片。在人际交往中，人的面部往往是人们视觉注意的焦点，因为面部的表情能透露或展现一个人的内心世界，那种对民众有深切人文关怀的表情是令人感动的。修饰面部，显露健康，甚至在需要的时候可接受面部按摩或接受人工日光浴的调养，以确保眼睛炯炯有神；修整杂乱不齐的散眉；尽可能使牙齿整齐洁白。

2．发型

美好的形象从头开始。一个适合的发型，能为形象增色不少。如果头发已经出现灰白、失去弹性、干枯、没有光泽、稀薄等现象，那么对头发进行处理、修饰甚至接受必要的治疗，都是必要的。每个人可以根据自身的发质、发量、发型状况，结合自己的面部特点以及社会身份，为自己精心设计富有美感的发型。

3．体态

保持身体适中，绝不是苗条瘦削，也不是臃肿发胖。体态应展现饮食正常、睡眠充足、锻炼适度和精力充沛。如果因工作而疲惫虚弱，就该休假疗养几天。工作再忙，也要做到给自己留出一些时间呼吸新鲜空气，从事体育锻炼。

4．服装

公众角色穿着传统、稳重、严肃而又不乏个性的服装，能够被大多数人接受。当然，在衣柜中也该为自己留几套休闲装，以便在假日里放松放松自己。

5．体姿

坐姿、手势和面部表情都能显示公众人物是否是和蔼可亲的人。在出席会议和接受采访时，坐姿不要显得太僵硬；当聆听别人发言时，可稍稍前倾，稍微改变一下坐姿，或斜着脑袋；在需要体现平易近人时，就该露出微笑。当然，任何时候都要保持自己的尊严。

第九节 传媒形象

如果接受传播媒介特别是电视采访，应学会掌握一套适用于这种场合的表现技巧。几乎没有人能够在不经过培训、事先不做准备的情况下就能顺利地应付采访并保证能获得成功。电视传播是一种艺术形式，为获得上镜成功，需要学习成功地表现自己的技巧。如果一个声名显赫的公司的发言人，没有事先做好发言准备，也没有经过上镜前的化妆就被带进演播室接受采访的话，那他可能会出现紧张，无法放松自己，表情显得很不自然，容易给人一种不值得信任的感觉。无论是男士还是女士，在上镜前都必须进行化妆，这样才能使他们看上去既健康又整洁。被采访者提前到演播室是必要的，否则没有充分的化妆时间。在没有进行专业性的化妆前，千万不要贸然地同意开镜。为了能在电视上取得很好的效果，被采访者需准备粉底霜、眼影、扑粉、腮红、睫毛膏、口红来化妆。在仔细的刻画中，最终的妆容效果应尽可能显得自然，过艳和过暗的化妆效果都是不可取的（图4-15、图4-16）。

图4-15 传媒形象（女）

图4-16 传媒形象（男）

一、女士上镜前的化妆

1. 粉底霜

如果肤色不健康，皮肤不光滑，用水性的粉底覆盖还不行，应多用些粉底霜，油性的粉底霜覆盖性更强。选择与自己肤色稍微淡一些或一致的粉底霜。粉底过白，在演播室强烈的灯光下，脸色会显得苍白。

2. 半透明散粉

用一个大刷子稍稍扑些粉是不够的，应该用粉扑轻按扑粉。刚化完妆的脸，也许看上去较粉气，满脸都是粉，但几分钟后，皮肤会将其吸收，看上去就好了。在灯光下，皮肤会显得非常细腻光洁。

3．眼影

蓝色和绿色的眼影颜色属于休闲时尚的用色，如果不是做时尚专栏，就会显得不严肃、不正式。宜选用浅咖啡色（从可可色到蜂蜜色）和中等程度的褐色，这类颜色是最保险的，不会出错误。眼影色涂画要过渡自然，眉弓还可用白色提亮，使其富有立体感。

4．眼线笔和睫毛膏

用眼线笔勾画眼线，特别是在眼睛1/3处至眼尾要重点加深。

涂睫毛膏，等干后用小梳子梳理一下。如果想涂得厚一些或使睫毛显得长一些，可以再涂刷一次。用显得自然的假睫毛粘贴在眼睫上也可以。

5．眉笔

用眉笔将眉毛的轮廓描画出来，再用软刷子把颜色刷上去，这会使眉毛看上去比只用眉笔画显得过渡自然，最后还可以用含胶的梳子将眉毛梳理整齐。

6．腮红

宜选用与眼影、口红色相协调的自然色彩，如橙红、赤褐红等，尽量涂得像是从皮肤中透出的红晕感，这样更自然生动。

7．口红

涂口红前，在嘴唇上轻轻扑些粉底会使涂口红更容易一些。使用自然的颜色，如淡紫色、红木色、粉红色或红葡萄酒色口红，再在嘴唇中部均匀地抹上少许杏黄或冷色粉红。应该避免大红色或深粉红色出现在镜头上（除非穿着大红色或深粉红色的服装），还应该避免把口红抹得太光滑发亮，这样容易使别人的注意力过多地集中在嘴唇上。当需要别人注视自己的眼睛时，最好不用这种方法。如果已化妆很长一段时间了，上镜前会出现脱妆的现象，还需要补妆。为了使已化妆好的口红不被破坏，有一个小巧门，可在嘴唇要接触的地方舔一舔，润湿后，口红就不会粘在咖啡杯和水杯上了。

二、男士上镜前的化妆

1．粉底

许多男士常常晒日光浴，以使自己拥有健康的肤色。可使用比本身肤色深一些的粉底霜，这样在刺眼的、穿透性极强的荧光灯下看上去更自然些。

2．遮瑕膏

脸上有黑点、瑕疵、眼袋、黑眼圈会影响上镜效果，这些瑕疵应使用遮瑕膏掩盖。

3．散粉

强光下，皮肤显得油光，需要在整个脸庞上均匀地涂抹一层半透明的粉。如果化妆后需等上一段时间才上镜，脸上会出油脱妆，那么在上镜前，可要求化妆师再给润一润色。

4．眉毛

把杂乱的眉毛修除掉，使眼睛显得突出，眉毛有缺损或不完整的地方，需用眉笔修补；或用少许的发胶均匀地抹在眉毛上，把眉毛定型处理，这种处理通常观众是不会注意到的。

5．眼镜

眼镜通常不为电视监制人喜欢。在镜头前佩戴眼镜最重要的一点是，要在镜片上涂一层防反光膜，避免在灯光照射下镜片上出现闪耀的光点，并可以对眼睛起保护作用。

 思考与练习

1. 请为自己设计一款职业妆，要求表现整洁干练和端庄稳重的职业形象。

2. 请为自己设计一款休闲妆，要求表现轻松、自然、舒适的休闲状态。

3. 请为自己设计一款时尚妆，要求加入流行元素，突出自我与众不同的个性气质。

4. 根据日常生活中的不同场景，为自己或她人设计适合各种不同场景的化妆形象，要求妆容自然真实、突出个性。

5. 根据日常生活中的不同角色，为自己或她人设计符合不同角色的化妆形象，要求妆容与所属角色整体协调。

6. 公司的接待人员应当遵循哪些化妆形象设计准则？

7. 应聘面试时，应遵守哪些妆容形象原则？

8. 确定当下自己的肤质，然后自制一种简易的厨房家庭面膜。

9. 旅游过程中皮肤出现问题的紧急处理方法？

10. 请为新闻主持人设计一个适合上镜的形象。

第五章
Chapter Five
化妆基础训练三阶梯

从春到秋，从秋到冬，透过现代都市快速流变的时尚之美，人们不断提升、改善自我形象，对时尚美的追求日趋个性化、多元化，无不浸透着对自我的认可，千篇一律的化妆风格受到唾弃，教条化的清规戒律被无情冲破，张扬自己独特的化妆个性已成为人们生活的新主张。新潮先锋是美；古拙自然是美；典雅高贵是美；浪漫多情是美；细腻柔婉是美；简洁单纯也是美……

美丽是激活人们不断创造的内驱力，化妆形象不单只是出于自娱自乐满足身心愉悦的需求，也不仅是传统意义上的为悦己者容，化妆形象更是自我事业发展的重要资源。竞争日趋激烈的社会为每个人提供了实现自我价值的发展机会。竞争促进了人的平等，竞争维护了人的尊严，因此，美丽也具有商业价值，在人际交流中注入美丽，也就融入了一种温馨的人文情怀。

化妆是人类文明的产物，化妆后的妆容在信息传播中有着重要的作用。如果一个平时从不化妆的女性，某日她精心化妆后去见一位朋友，这时化妆就不仅仅是自我的修饰，它还传递着这位女性与这位朋友的见面是很正式、很注重礼节的会晤这一信息。假设是一对异性朋友的初次见面，化妆是为了提升自己的形象，吸引对方的注意，那么该化妆行为就在传递这样一种信息，表示这位女性对她的男友怀有好感，希望给他留下美好的印象。如果是一对热恋的情人，女性的精心妆扮，透露出了她内心对爱的渴望，她试图用美丽的修饰，把自己最好的形象状态表现得淋漓尽致，从而吸引、感化她的朋友，这时美丽的妆容就成为传递爱慕信息的符号。不同的交流对象在不同的交流语境中，同样的化妆形象体现了不同的含义。如果参加一个商务性的聚会，这样的礼仪场合不仅仅是空间的场，同时也是信息场，每一个人都会在这个信息场中，感受到对方传递的各种信息。换句话说，一个精明的商人，善于从这个交流的信息场中体察到不同的信息，并且能捕捉和把握有用的信息，这就是现代商界的机遇。在重要的商务集会场合，为了尊重他人，也为了把自己最美的姿态、最友善的信息传递给大家，化妆修饰就成为重要的一环了。

妆容是传播信息的载体，所以化妆形象的塑造必须充分关注信息传播的结构、规律和模式。离开传播化妆形象无法存在，同样离开了化妆形象传播也无法成立。

教学实践中将自然妆、烟熏妆、结构妆作为化妆基础训练三个阶段，从易至难、从简至繁、从初浅至深入循序渐进逐级递增的学习过程，实现了教学的渐进式发展，为化妆形象设计打下坚实的造型基础。

第一节　自然妆训练2款

自然妆追求自然的效果，不能显露出很强的化妆痕迹，是自然的升华，妆面效果显示人的精神状态良好。

一、运动妆

1. 操作步骤（图5-1）

（1）不打粉底，仅在眼睛周围涂些润肤乳。用深咖啡色眼影给眉的前半段打些底色。

（2）眼影用深咖啡色从上眼睑的眼尾处轻轻晕开，少量涂一点即可，使眼睛轮廓清晰。也可以不涂眼影。

（3）下眼睑的眼尾处也晕开一点点眼影。也可以不涂眼影。

（4）上眼睑画眼线，注意笔触的自然过渡。

（5）下眼睑也略画一点。

（6）涂少量睫毛膏。

（7）眉尾处用咖啡色眉笔画眉。

（8）用眉刷将眉刷顺使之过渡自然。

（9）最后，涂上透明唇油。

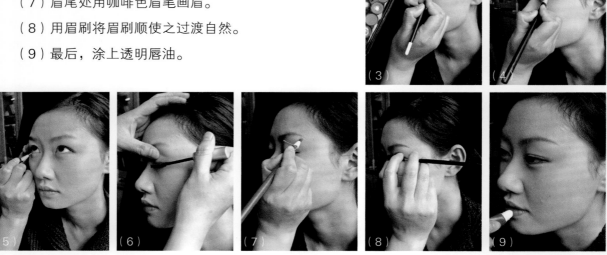

图5-1　运动妆的操作步骤

2．提示

运动时最好不要化妆，运动出汗毛孔张开，彩妆堵塞毛孔导致汗水无法顺利排出。不想素颜见人的运动者，化运动妆的原则是：点化法。仅对眉、眼、唇等局部进行修饰。眼影、眼线和睫毛膏最好选择有防水效果或不易脱妆的，点到为止。眉粉和眉笔要把握好颜色与原眉色接近，眉的形状最好保持自然状态，唇彩滋润清淡。

设计师感想： 洗尽铅华，水晶透明；崇尚运动，追求健康。这是现代人生存新观念。"点化法"化妆，不影响皮肤正常排泄，又能收到良好的视觉效果。只要掌握适合自己的"点化法"，三分钟之内，让您焕然一新（图5-2、图5-3）。

3．模特

徐真、沈奕君。

图5-2 运动妆1

图5-3 运动妆2

二、职业妆

1．操作步骤（图5-4）

（1）修眉。

（2）选择与皮肤色调基本一致的粉底，薄薄的打一层粉底。

（3）薄薄的上一层散粉。

（4）选咖啡色眼影。眼影的晕染重点放在上眼睑眼尾处，面积不宜过大，眼影能起到强调眼型轮廓的作用。若原来眼形需要矫正，可根据眼睛条件调整眼影晕染的范围与位置。

（5）选土黄色眼影。接咖啡色眼影上方，眼影过渡要自然。

（6）咖啡色眼影涂下眼睑，重点也是在眼尾处。

（7）黑色眼线笔画眼线。

（8）睫毛卷曲后，涂刷一点黑色睫毛膏。

（9）选与自身眉毛颜色相似的眉笔画眉，描画时强调眉的质感。

（10）选浅淡的橘红色。可根据需要打腮红。

（11）选择嫩橘红色唇彩涂口红。

图5-4 职业妆的操作步骤

2．提示

工作环境的职业妆，原则上含蓄淡雅、协调。粉底选择接近自己的肤色，薄涂粉底保持皮肤的透明状态。眼影根据服装的颜色挑选"大地色"比较适合职业妆的眼影色。眼线要线条整齐、干净。增加眼睛的神采可少量刷睫毛膏。画眉要自然过渡，边缘不能生硬。腮红浅淡，不可抢过唇彩。唇彩柔和，轻薄且持久。

设计师感想： 表现原有的特质与自然风格是21世纪最重要的化妆理念之一。化妆后，看起来精神状态好，似乎比以前更漂亮，"妆"就化到位了。学习化适合的职业妆，不仅能赢得他人的好感，还能获得"专业""干练"的肯定（图5-5）。

3．模特

王莉娟。

图5-5 职业妆

第二节 烟熏妆训练9款

　　烟熏妆是一种眼部化妆呈现烟熏的效果，此妆采用深色眼影，从眼睫毛处向四周由深至浅，层层晕染，尤如烟熏。

一、大烟熏妆1

1．操作步骤（图5-6）

　　（1）选择与模特肤色接近的粉底，打粉底。

　　（2）在下眼睑的下方至颧骨的腮红位置打些散粉，为了避免深色眼影粉掉落吸在粉底上而弄脏妆面。

　　（3）选择黑灰色的眼影粉。为了使眉眼距离拉开，画眼影时，上眼睑的眼影分量削弱，下眼睑的眼影分量加强。

　　（4）先涂上眼睑，再涂下眼睑。

　　（5）由于下眼睑的眼影分量加强了，眼部失去了平衡，通过拉长眼角的画法，使之变得合理。也可以达到拉长眼角线的效果。

　　（6）涂睫毛胶，贴假睫毛。眼睛前部假睫毛对准眼角，眼睛后部假睫毛在眼尾处提高位置，使眼圈有扩大感。

　　（7）用眼线液画眼线。

　　（8）选择咖啡色眉粉。在眉头至前半部分涂上眉毛底色。用咖啡色眉笔画眉，眉毛的后半部分用眉笔画出坚挺自然且眉形清晰的效果。

图5-6　大烟熏妆1的操作步骤

设计师感想：化大烟熏妆，最重视的就是晕染的技巧，要将颜色晕染出深浅的渐变层次感，使眼睛外轮廓增大扩张，以加强远距离的视觉效果，非常适合舞台上使用的一种妆型。在化这个妆型时，特意只画半边脸，保持另半边脸的原始状态，便于学习者，相互比较，看清楚绘制的部位及分量的把握（图5-7）。

（9）选择玫红色的腮红涂于颧骨及面颊处。

（10）选择玫红色的口红涂染嘴唇，使之与腮红相呼应。一张半边化妆半边没化妆的对照图，可以清楚的对照彩妆的修饰部位。

图5-7　大烟熏妆1

2．提示

该模特"瓜子脸"，五官较好。化烟熏妆存在的问题，眉眼距离较近，用眼影可塑造空间受限。由于脸型较长，可通过加强下眼睑的眼影分量，削弱上眼睑的眼影分量，使眼睛分量有下沉感，也使眉眼的距离拉开，改变眉眼距离近的感觉。

3．模特

戴杨。

二、大烟熏妆2

1．操作步骤（图5-8）

（1）修眉。

（2）在脸T型区打130粉底。

（3）在脸两侧打151粉底。

（4）上散粉，除了将要涂眼影的眼睛周围外。

（5）用眼影刷蘸上近黑色眼影。在上眼睑的睫毛处开始着色，然后向眉骨渐渐晕开，由深至浅晕染，像烟熏一样过渡。

（6）下眼睑也进行相应的晕染。

（7）用黑色眼线笔画眼线。

（8）眼线拉长到眼头。

（9）涂黑色睫毛膏。

（10）也可以贴假睫毛。

（1）　（2）　（3）　（4）

图5-8

图5-8　大烟熏妆2的操作步骤

（11）用近黑色眉笔画眉。

（12）用黑眼线液加强上眼睑眼尾的眼线。

（13）打嫩红色腮红。

（14）涂粉红色口红。

2. 提示

烟熏妆以黑灰色为主色调，看起来像炭火熏烤过的痕迹，所以被形象地称作烟熏妆。烟熏眼最难之处在于眼影色与眉骨之间的边界和位置，不要忽略在眉骨处留下适当的空白，使眼部有灵动的透气感，避免像熊猫眼一样呆板，"浓墨"和"淡彩"之间的过渡要柔和自然。为了突出眼部，唇彩不宜过于艳丽。

设计师感想： 眼睛是体现面貌美丽与生动的最主要部位。烟熏妆给我们提供了使眼影变大、变美的有效方法，如烟熏般袅袅而散，产生眼睛扩张的效果。经常可以在舞台、影视、摄影上，见到此妆容（图5-9）。

3. 模特

蔡雯。

图5-9　大烟熏妆2

三、小烟熏妆

1．操作步骤（图5-10）

（1）该模特的双眼皮有些内双，为了使双眼皮更加明显，可以使用美目贴。

（2）将美目贴顺着边缘剪出有点弯曲的小细条。

（3）将其贴在原双眼皮线的上缘。

（4）贴美目贴与没有贴美目贴的效果对比。修眉，将眉下方散乱的杂眉刮掉。再将眉头散乱的杂眉刮掉。眉头刮过后，为了使眉头过渡自然，用小剪刀修剪一下。修过的眉与没有修过的眉对比。

（5）开始化妆，首先打粉底，选择与肤色接近的粉底。将粉底挤在粉扑上。均匀地在皮肤上打一层薄薄的粉底。打过粉底后，面部的细小瑕疵被覆盖，皮肤变得细腻。

（6）选用咖啡色眼影，以眼尾处为中心，眼影向前、向外扩散晕染。上眼睑晕染好后，再晕染下眼睑，也是以眼尾处为中心，向前晕染。

（7）用同样的咖啡色眼影，将眉毛也打一些底色。

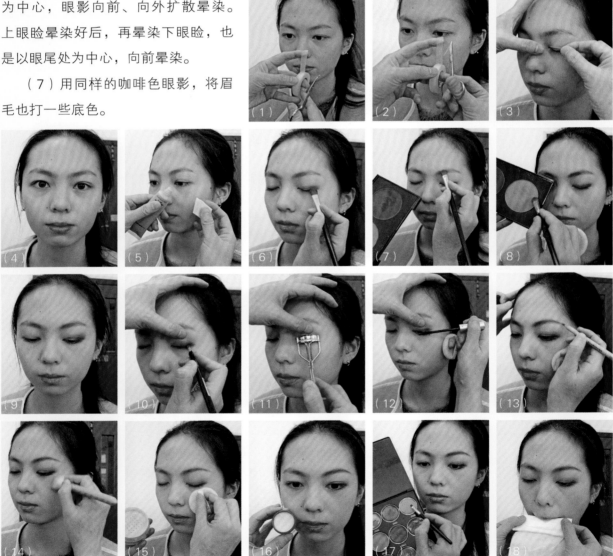

图5-10　小烟熏妆的操作步骤

（8）选用橘红色眼影，在晕染过咖啡色眼影的上缘，从眼尾处开始晕染。

（9）橘红色眼影与咖啡色眼影衔接过渡自然。

（10）用拇指按住眼皮，贴着睫毛根部往眼头方向画眼线。眼尾处略粗，并向外伸展过渡自然。画下眼线也是从眼尾处开始，向前渐渐淡去。

（11）夹卷睫毛。

（12）涂睫毛膏，重点在眼睫毛的后半段。上眼睫毛涂好后，涂下眼睫毛，重点也是在后半段。

（13）用咖啡色眉笔画眉。

（14）用橘红色打腮红，打在颧骨的位置。

（15）上定妆散粉。

（16）口唇干者，可先涂些润唇膏。

（17）再涂自然色唇彩。

（18）唇彩厚重了，可用纸巾抿一下。化妆的半边脸与没有化妆的半边脸比较。

2．提示

大烟熏妆给人一种夸张的印象，这跟选用的眼影以及上妆的轻重及面积有关系。这款小烟熏妆选择咖啡色和橘色的晕染，晕染面积小，晕染过渡自然，赋予皮肤健康红润的肤色，不会产生做作，给人健康的自然美，尤其受成熟职业女性青睐。

3．模特

刘梦菲。

四、绿色眼妆

1．操作步骤（图5-12）

（1）选与自身皮肤相近的粉底，薄薄的打一层粉底。

（2）再薄薄的上一层散粉。

（3）选择蓝绿色眼影膏涂上眼睑。

（4）用黑色眼线笔画上、下眼线。

（5）涂黑色睫毛膏。

（6）待睫毛膏干后，在睫毛上涂些蓝绿色眼影膏。

设计师感想： 在夸张烟熏妆的基础上发展出来的"小烟熏妆"，更多考虑普通人的需要。暖咖啡色系的小烟熏妆，是一种"万能"的色系组合，不仅能使眼睛有适度的扩张感，而且端庄大方，非常适合于晚宴等较正式的场合，能塑造出妩媚而又不张扬的感觉（图5-11）。

图5-11 小烟熏妆

（7）眼部涂好后的效果。

（8）选嫩红色腮红。

（9）打腮红。

（10）画眉。

（11）选浅色珠光紫红色唇彩。

（12）涂口红。

图5-12　绿色眼妆的操作步骤

2. 提示

涂黑色睫毛膏待干后，在睫毛上涂些蓝绿色眼影膏与眼影色一致，改变睫毛颜色使眼睫毛更靓丽。眼影用膏状，口红就选择珠光唇彩，这样整体妆容更明亮。

设计师感想： 时尚爱好可随时随地随心所欲，尽由自己去选择、去描绘。今天穿件绿衣服，那就选择绿色画眼影，上下呼应协调统一。当不知道该用什么颜色画眼影时，不妨选择与服装一致的颜色，效果不错（图5-13）。

3. 模特

徐玲玲。

图5-13　绿色眼妆

五、紫红眼妆

1. 操作步骤（图5-14）

（1）选与自身皮肤相近的粉底，薄薄的打一层粉底与散粉。再薄薄的上一层散粉。

（2）选紫红色眼影画上眼睑。

（3）选蓝紫色眼影贴近睫毛边缘上色。

（4）画下眼睑。

（5）画眼线。

（6）夹睫毛。

（7）涂睫毛膏。

（8）画眉。

（9）打淡淡的紫红色腮红。

（10）涂珠光紫红色口红。

图5-14 紫色眼妆的操作步骤

2. 提示

在色环中，凡在60°范围之内的颜色都属邻近色的范围。例如，紫红色与蓝紫色，都带有紫，在视觉上比较接近，不会显得单调乏味，是简单易行的色彩搭配方法。该妆容与着装的色彩搭配统一协调且有层次感，使整个人显得非常柔和。

设计师感想： 穿绿衣服画绿色眼影，换粉红色衣服，就选粉红色眼影。妆容因人而异，可根据衣着和心情而定，不能笼统划一。美丽没有任何限定，它是自由发挥（图5-15）。

3. 模特

徐玲玲。

图5-15 紫红眼妆

六、色块眼妆

1. 操作步骤（图5-16）

（1）选择与模特肤色相似的粉底打底，上散粉。

（2）用绿色眼影涂上、下眼睑后半段。

（3）用黄色眼影涂上、下眼睑前半段。

（4）用黑色眼线笔画上、下眼线。

（5）涂黑色睫毛膏。

（6）用绿灰色给眉打底。

（7）用灰色眉笔画眉。

（8）打腮红。

（9）选淡粉红色唇彩。

（10）涂口红。

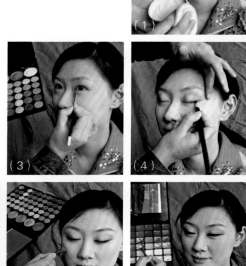

图5-16　色块眼妆的操作步骤

2. 提示

选择自己喜欢的眼影色彩组合。这款色块眼妆是黄色和绿色的组合，用绿色晕染眼睑的后半段，用黄色晕染眼睑的前半段。注意：黄色眼影要干净，不要掺杂了绿色使妆面不清爽。腮红和口红的颜色不要太重，突出眼影的色彩效果。

> **设计师感想：**都市就像一个巨大的漩涡，你和我之间已经没了差别，大家修饰成一样的眉、眼、唇。然而，年轻人渴望着出位，渴望在千篇一律的妆容中，成为一个引人注目的亮点。眼影的色块组合多种多样，可以是协调色，也可以是对比色，黄绿、黄红、黄紫（图5-17）……

3. 模特

沈奕君、孙瑾。

图5-17　色块眼妆

七、桃面烟熏妆

1．操作步骤（图5-18）

（1）化妆前先洗净脸，并涂上护肤品。该模特的眉呈现八字，修眉时，用大拇指按住眉毛上方皮肤，并向上提拉，使眉骨处皮肤绷紧，将眉下方修刮去一些。

（2）用小眉梳将眉毛向下梳理，并用眉梳固定眉毛，再用弧形眉剪将长的且向下垂的眉毛修剪成弧形。

（3）再将眉头较长的眉毛向上梳并用眉梳固定，将眉头较长的眉毛修剪掉。

（4）比较修过与没有修过的眉，修过的眉尾明显有向上抬高的效果。

（5）打粉底时，脸的T型带用130粉底，脸颊用140粉底，面颊侧面用151粉底，过渡衔接自然，塑造面部的立体感。眉和唇都需用粉底覆盖。

（6）用大粉刷蘸取桃红色腮红，由侧面脸颊、眼睑、眼尾向四周晕染，逐步向外过渡至鬓部。

（7）眉、外眼睑、腮部的红色较为浓重，用小粉刷（眼影刷）仔细描画。

（8）选择黑色眼影，从眼尾部开始晕染烟熏妆。

（9）~（11）修剪假睫毛，涂睫毛胶，贴假睫毛。

（12）用眼线液画上眼线，眼线尾部要拉长。

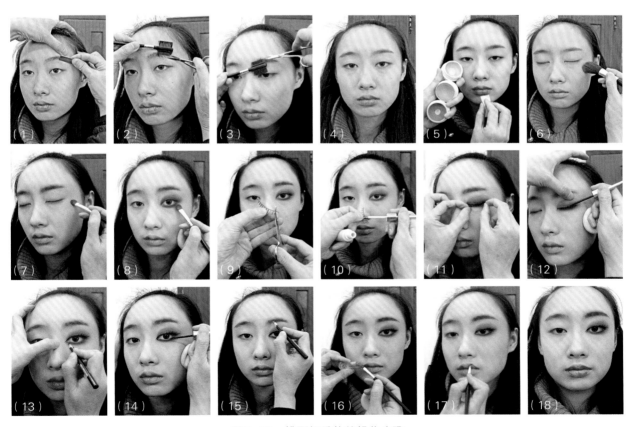

图5-18 桃面烟熏妆的操作步骤

本妆将中国戏曲旦角化妆法与现代烟熏妆化妆法相结合，通过半边脸化妆与半边脸不化妆进行对比，使学习者更清晰明了的感知化妆的晕色部位，以及妆前与妆后的视觉效果变化（图5-19）。

（13）眼头用眼线笔勾画。

（14）下眼线也用眼线液在眼的后半段隐约与上眼线有些呼应。

（15）用黑色眉笔画眉。由于眉打了一层桃红色底，黑眉不会显得生硬。

（16）~（18）选用桃红色唇彩，先用较细的化妆笔勾画出唇型轮廓，再将唇涂上唇彩。

2．提示

图5-19　桃面烟熏妆

打粉底时面部肌肤全覆盖，包括眉毛和嘴唇。打眉、眼、面颊红时，要浓淡适宜、色彩均匀、过渡自然，有层次感和立体感。在晕染过的桃红色的眼睑上和眉上化黑色烟熏妆和柳叶眉，由于底色的衬托，妆容更生动。

3．模特

周洮洮。

八、黑唇妆

1．操作步骤（图5-20）

（1）打与模特肤色接近的140膏状粉底，面部全覆盖，包括嘴唇和眉毛。

（2）除眼睛周围肌肤以外，其他部位扑散粉定妆。

（3）用大粉刷选择玫红色晕染眼睑，玫红色呈上扬的趋势。

（4）细节部分用眼影刷晕染，使其过渡自然。

（5）选择黑色眼影从睫毛根处开始晕染，也呈现上扬的趋势。

（6）用黑色软质的眼线笔描画眼头。

（7）用眼线液画一条眼尾上扬的上眼线。

（8）下眼线与上眼线相呼应，眼尾处不相交。

（9）选择暖咖啡色，在上下眼影的后半段、在黑色眼影与玫红色眼影之间，画暖咖啡色过渡，使眼影层次丰富。

（10）选择银色眼影，提亮眼头附近的皮肤，增加层次和立体感。用同样的黑色眼影画唇。用同样的银色眼影涂下唇中央。外深内浅，突出下唇部位立体感，有雾面唇妆的效果。

（1）（2）（3）（4）（5）

（6）（7）（8）（9）

图5-20　黑唇妆的操作步骤

2．提示

打好粉底后，接着用散粉定妆，除眼睛周围外。为什么不是将妆全部化好后定妆？因为眼睑处要用黑色眼影粉晕染，如果出现黑色粉掉落面颊，会被粉底粘吸住，弄脏妆面。提前在面颊上打上定妆粉，即使黑色眼影粉掉落面颊，也不会粘吸在脸上，只要用粉扑或者粉刷一弹就干净了。"黑唇妆"不画眉、不画腮红，画眼和唇释放狂野魅力。通过黑色画唇，银色提亮产生"雾面唇妆"效果。

*设计师感想：*白居易《时世妆》诗："乌膏注唇唇似泥，双眉画作八字低。"唐晚期女子乌膏点唇的"时世妆"就是"流行妆"。这种妆，其实并不是唐朝女子的创新，早在南北朝时期，南朝人徐勉在《迎客曲》诗中写道："罗丝管，舒舞席，敛袖嘿唇迎上客。""嘿"与"墨"通，嘿唇是一种近乎黑色的唇妆。古为今用，大胆尝试"黑唇妆"，以黑唇、黑眼增强面部的造型力度，展现野性魅惑（图5-21）。

图5-21　黑唇妆

3．模特

张文力。

九、橙面黛烟妆

1. 操作步骤（图5-22）

（1）选择与模特肤色接近的140粉底，均匀地打一层粉底，包括眉和唇。

（2）选黄色妆粉染眉及周边肌肤。

（3）同样用黄色妆粉染面颊上方。

（4）选橘黄色妆粉染面颊，与黄色衔接自然。

（5）选橘红色妆粉用大刷子打腮红，与黄色、橘黄色衔接过渡自然。

（6）选择蓝色眼影，涂染上眼睑及下眼睑。

（7）、（8）选择黑色眼影，从睫毛处向四周晕染，做烟熏的效果。

（9）、（10）选暖咖啡色妆粉，染画眉头及侧影。

（11）贴假睫毛。

（12）、（13）用眼线液画上眼线。

（14）用咖啡色眉笔画眉。

图5-22　橙面黛烟妆的操作步骤

（15）、（16）先用桃红色唇彩涂唇中心，再用玫红色唇彩涂唇四周，做出性感的立体效果。

（17）完成后的效果。

2. 提示

该妆要求虚实有秩、过渡自然。眼睑采取烟熏的画法，眉先染底色再画，面颊用橙色系晕染，唇用深浅色表现性感。橙面黛烟妆深浅对比、冷暖对比，产生强烈的妆饰感。

> **设计师感想：**清代李渔《闲情偶寄·声容·修容》："三分人材，七分粧饰。"橙面黛烟妆是将传统妆点与现代晕染相结合的妆型创作。橙面，以橙色妆点面庞；黛烟，以青黑色烟熏眼帘。着意妆饰后所产生的效果（图5-23）。

图5-23 橙面黛烟妆

3. 模特

赵嫣然。

第三节 结构妆训练6款

结构妆是一种加强面部结构的化妆，东方人通常面部结构不够清楚，通过结构化妆加强额骨、眉骨、眼盖、颧骨、下颏的结构，使面部结构更清楚。

一、大结构妆

1. 操作步骤（图5-24）

（1）脸的T型区用130粉底，面颊两边用151粉底。用咖啡色笔画出眉骨凹入位置。

（2）用深咖啡色眼影晕染眼睑边缘。

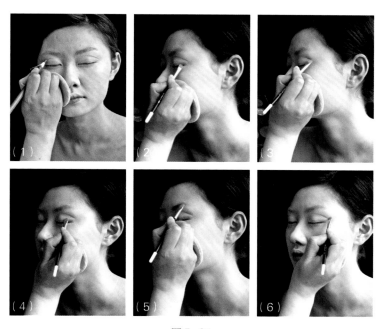

图5-24

图5-24　大结构妆的操作步骤

（3）深咖啡色眼影晕染眉骨凹入处。

（4）用黄色眼影晕染眼盖。

（5）用黄色眼影晕染眉骨。

（6）黄色与咖啡色之间用土黄色晕染过渡。

（7）用深咖啡色晕染下眼睑。

（8）用黑色眼线笔画上、下眼线，并拉长前眼角与后眼尾。

（9）用深咖啡色给眉打底，并晕染眉鼻侧影。

（10）将修剪好的假睫毛涂上睫毛胶。

（11）贴假睫毛。

（12）用深咖啡色眉笔画眉。

（13）用白色提亮眉弓，用明黄色提亮眼盖。

（14）选择嫩红色腮红，打腮红。

（15）选择嫩红色口红。

（16）涂嫩红色口红。

2．提示

这是一款强调眼盖和眉骨的结构化妆法。眉骨凸出、眼盖明显是西方人典型的眼部结构。如果强调双眼线为"小结构"，那么强调眼盖就为"大结构"。大结构妆使用棕色系眼影塑造眼、眉、鼻的

> **设计师感想：** 结构妆是舞台上的基本妆型，重点突出眼部的结构和眼型。亚洲人的面部结构平淡。化妆中的"结构化妆法"通过色彩错觉、光效错觉、形状错觉等诸多方法，实现面部轮廓分明的视觉效果（图5-25）。

图5-25　大结构妆

立体感，为了配合眼部结构自然柔和的明暗对比，面部粉底也要进行明暗立体修饰，腮红起到辅助阴影强调面部轮廓的效果，唇部弱化突出眼部。

3. 模特

沈奕君。

二、小结构妆

1. 操作步骤（图5-26）

（1）脸的T型区用130粉底，两侧用151粉底，使面部有立体感。

（2）用咖啡色笔画一条双眼线。

（3）选择咖啡色眼影，由深至浅晕染。

（4）用黄色眼影在双眼线下方涂画。

（5）形成两个层次，呈现双眼皮的结构。

（6）上眼睑眼尾用咖啡色晕染压深。

（7）下眼睑眼尾也用咖啡色晕染压深。有增大眼裂的效果。

（8）用咖啡色眼影给眉打底。

（9）用黑色眼线笔画上、下眼线。

（10）修剪假睫毛。

（11）粘假睫毛。

（12）用深咖啡色眉笔画眉。

（13）选白色眼影粉，提亮眉弓。

图5-26　小结构妆的操作步骤

（14）打嫩红色腮红，并过渡至眼影处。

（15）涂嫩红色口红。

2．提示

该妆型妆面干净，使用与黄种人皮肤相和谐的棕黄色系眼影对眼部进行浓、淡、深、浅的塑造，注意均匀和层次过渡，反复加强结构色能使眼部具有立体感及双眼皮的效果。视觉错觉是实现这一目的的最佳手段。

设计师感想： 中国人属蒙古人种，单眼皮占大多数。单眼皮使眼睛显得单调，缺乏神采。结构妆主要特点是突出眼部的立体结构，如果把强调眼盖的结构妆称为"大结构妆"，那么可把强调双眼线的结构妆称为"小结构妆"。小结构妆与小烟熏妆都能增加眼部的神采，又不会显得太过浓重（图5-27）。

图5-27　小结构妆

3．模特

袁婷婷。

三、异面结构妆

1．操作步骤（图5-28）

（1）、（2）选择140和151两种粉底，脸的正面打140粉底，面颊两侧打151粉底。

（3）、（4）用咖啡色眉笔，一侧眼睑画双眼线，另一侧眼睑画眼盖线。将用比较法，在同一张脸上画两种结构妆。

（5）~（7）在画眼盖的睫毛根处开始晕染咖啡色眼影。在画双眼线的睫毛根处开始晕染咖啡色眼影。

（8）、（9）上眼睑晕染好后，晕染下眼睑。

（10）、（11）以双眼线为边界，从线的上边缘开始晕染咖啡色眼影，晕染出双眼皮的凹凸感。

（12）以眼盖线为边界，从线的上边缘开始晕染咖啡色眼影，晕染出眼窝的凹凸感。

（13）、（14）同样用咖啡色眼影给眉打底色，并从眉头处延伸画出鼻侧影。

（15）、（16）选择金棕色衔接眼窝处咖啡色眼影，塑造出眉骨的凹凸感。

（17）~（19）选择亮黄色眼影塑造出眼盖的结构。

（20）同样用亮黄色眼影塑造出双眼皮的结构。

（21）双眼皮结构和眼盖结构效果比较。

（22）、（23）用眼线笔画上、下眼线，并拉长眼头。

（24）~（27）粘贴假睫毛。

（28）~（30）用眼线液加强上眼线的眼尾分量，下眼线尾也画一点点与上眼线呼应。

（31）~（34）用咖啡色眉笔画眉。

（35）~（37）选择白色眼影粉提亮眉骨结构。

（38）、（39）同样用白色眼影粉提亮鼻梁结构。

（40）~（42）用橘红色腮红打腮红。

（43）上定妆粉。

（44）、（45）涂橘红色口红。

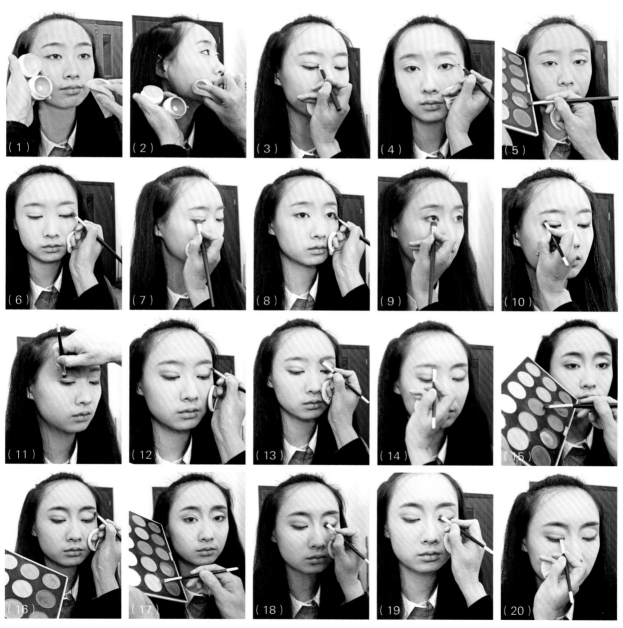

图 5-28

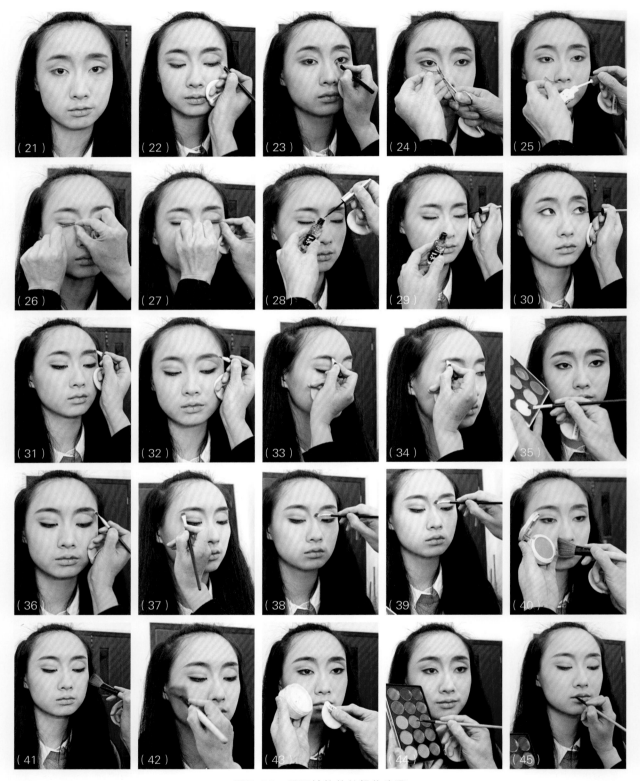

图5-28　异面结构妆的操作步骤

2. 提示

由于是舞台结构妆，使用两种不同深浅度的粉底。打好粉底后，在晕染眼影前，必须先用咖啡色笔将要画的结构定位，也就是双眼线结构和眼盖结构，在确定了准确的结构位置后，再用眼影对结构进行立体塑造，晕染出明暗渐变的结构变化，让原本平淡无奇的面庞瞬间变得凹凸有致。

设计师感想： 在同一张脸上画两种结构妆，一是强调双眼皮结构，二是强调眼盖结构，目的是使学习者有一个更直观的比较，选择更适合自己的结构化妆法。塑造逼真的立体结构，使用深浅不同的棕色系塑造更加自然。该妆型以咖啡色、橘色等生活食品的颜色来定色，目的是让学习者更形象的定位色彩（图5-29）。

图5-29　异面结构妆

3. 模特

周滟滟。

四、异面老我妆

1. 操作步骤（图5-30）

（1）打粉底。

（2）先画自然妆。选咖啡色眼影，从上、下眼睑的眼尾部位开始晕染。

（3）下眼睑也是从眼尾部位开始晕染。

（4）、（5）再选金棕色，在上眼睑咖啡色眼影的上方进行晕染过渡。

（6）画上、下眼线。

（7）、（8）用深咖啡色作眉粉，给眉上些底色。

（9）、（10）用大刷子蘸取橘色打腮红。

（11）涂口红。

（12）涂些睫毛膏。

（13）画老人妆。用咖啡色眉笔，画眼窝纹（上眼睑沟），是一条拱形的凹陷。

（14）画疲劳纹及眼袋，在下眼睑从眼头至眼尾方向呈半椭圆形的结构纹线。

（15）画鼻唇沟，起于鼻窝，沿脸颊边缘向嘴角伸延的沟形皱纹。

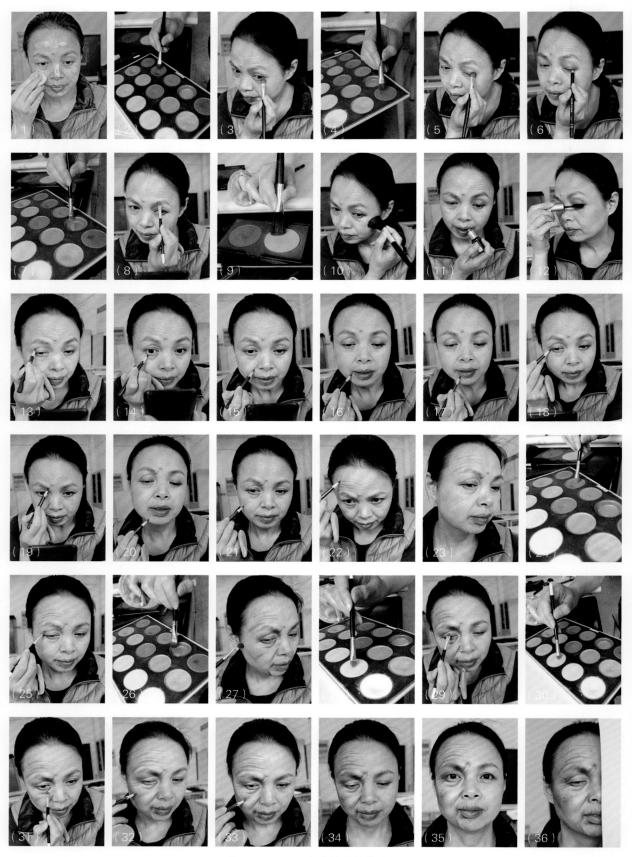

图5-30　异面老我妆的操作步骤

（16）画嘴角皱纹，在嘴角的边缘。

（17）画颏唇沟。

（18）画眼尾纹（鱼尾纹），是一组在眼尾略呈放射状的皱纹，以眼裂为界，上边的向上弯，下边的向下弯。

（19）画眉间纹，位置在两眉之间。

（20）画下巴颏纹。

（21）画面颊纹。

（22）、（23）画额纹（抬头纹），是一组中间深，两头浅的皱纹。

（24）、（25）使用棕色系列塑造眉弓下陷、眼眶外缘和眼窝。

（26）、（27）塑造面颊凹陷和凸起。

（28）、（29）用乳白色塑造眼盖（上眼皮）。

（30）、（31）用乳黄色塑造眼袋。

（32）~（36）用棕色系列将面部所画的纹理塑造的更有凹凸的立体感，以及用棕色眉笔点画些老年斑、鼻根纹、上唇边纹等一些细节的塑造。

2. 提示

老年人面部，皮肤失去弹性而下垂，脸上凹凸面增多，骨骼的形状和筋肌组织呈现。多年的肌肉运动引起皮肤皱纹，在面部产生了固定的纹理，如额纹、鼻唇沟、眉间纹、眼尾纹等，随着年龄的增长逐渐明显，这些皱纹的形状、深浅、走势，不仅是年龄的标志，也是生活经历的记录和反映。

3. 模特

徐莉。

五、丹凤眼妆 1

1. 操作步骤（图 5-32）

（1）选择与模特皮肤相适应的粉底及散粉。打粉底，上散粉。

（2）在上眼睑处涂透明眼影膏，目的是使接下来的眼影粉在眼睑上更有吸附力。

（3）、（4）在涂透明眼影膏的位置涂上白色眼影粉，使其呈带状，边界清晰。

（5）画黑眼线，使眼尾拉长上扬。

设计师感想：给同学们讲解妆型时，通常都是如何将人画美、画漂亮。然而，年龄变化的特技化妆是我国乃至世界舞台、影视行业紧缺型人才。我以自己为原型，以棕色系为基本色，将半边脸塑造健康活力的自然妆形象；另半边脸塑造满脸皱纹的老年妆形象。使学生通过对技法、结构、形象的对比，加强对面部结构的理解，并利用化妆手法塑造人物（图 5-31）。

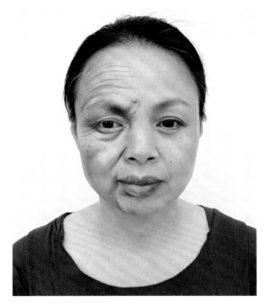

图 5-31　异面老我妆

（6）用咖啡色涂下眼角，加强眼裂长度。

（7）再用眼线液加强眼线。

（8）画眉。

（9）选嫩红色腮红。

（10）打腮红。

（11）涂粉红色珠光口红。

（12）完成后的效果。

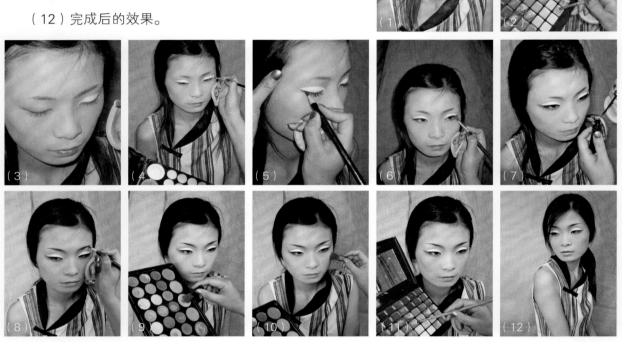

图5-32　丹凤眼妆1的操作步骤

2. 提示

在用白色眼影粉画眼影前，先用透明眼影膏涂上眼睑，而且透明眼影膏与白色眼影粉涂画的形状一致，目的是使白色眼影粉有吸附力。已经用眼线笔画过眼线，再用眼线液修饰外眼角的轮廓，眼尾要往后延伸，这样轮廓就会更理想。

设计师感想： 古时，中国人喜丹凤眼，即细而秀长的眼型。现时，人们喜大眼睛，双眼皮，惹的单眼皮者纷纷去割双眼皮。用设计师的眼睛看单眼皮，其中之美是独特的，眼睑平坦，在眼睑上画一条带状装饰线，挺括不变形，这是双眼皮做不到的。为拥有单眼皮而自豪吧（图5-33）。

3. 模特

夏云。

图5-33　丹凤眼妆1

六、丹凤眼妆2

1. 操作步骤（图5-34）

（1）该模特皮肤较白，整脸打130粉底，包括眉毛和嘴唇。该妆将重点突出眼睛的妆饰。

（2）选浅蓝色眼影。

（3）涂眼影，呈带状，边界清晰。

（4）上定妆散粉。

（5）涂睫毛膏。

（6）用黑色眼线笔画上眼线。

（7）再画下眼线。

（8）选蓝色假睫毛。

（9）修剪假睫毛。

（10）粘贴假睫毛。

（11）下眼角涂少许咖啡色眼影，使眼裂有扩张感。

（12）画细眉。

（13）选嫩红色腮红。

（14）往脸中间打腮红。

（15）选粉红色口红。

（16）由内向外晕染"咬唇妆"。

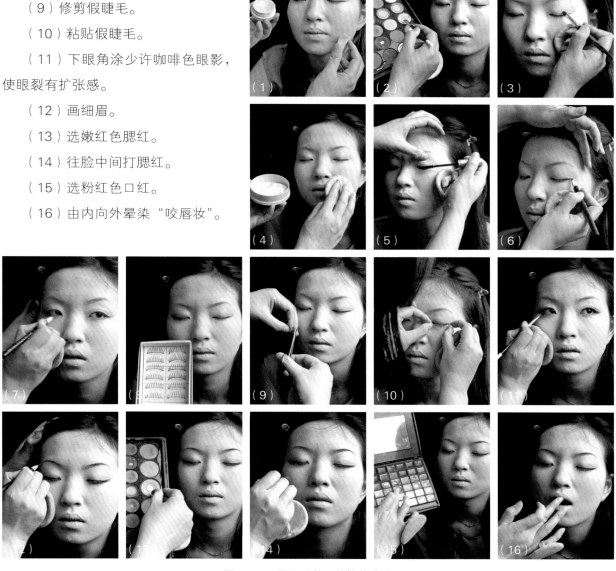

图5-34 丹凤眼妆2的操作步骤

2. 提示

用黑色眼线笔进行上、下眼线的描画。需要提醒：丹凤眼的眼线不要太过粗大，过粗眼线容易给人留下凶的印象。粘贴假睫毛之前先画好眼线，这样假睫毛显得更加自然。眼尾部分稍微用咖啡色做一下晕染，扩张眼裂更能突出丹凤眼的美感。

> **设计师感想：** 古时，中国人对眼部的妆饰不太敏感，是面妆中的短欠。也许是中国人属蒙古人种，多数眼睛小，且多单眼睑，这样的眼睛不太容易修饰眼影。随着化妆技术及化妆品的发展，人们越来越发现单眼睑所具有的独特魅力（图5-35）。

3. 模特

袁婷婷。

图5-35　丹凤眼妆2

💋 思考与练习

1. 自然妆、烟熏妆、结构妆分别有什么特点？
2. 为自己设计一款用色弱对比的日常生活妆。
3. 为自己设计一款用色强对比的参加舞会的化妆形象。
4. 如图5-36所示，当女子的衣着为紫色时，为其设计一款与服装色彩和谐的化妆形象；当女子的衣着为蓝色时，为其设计一款与服装色彩和谐的化妆形象。
5. 如图5-37所示，为商务旅行者设计一款自然妆。
6. 如图5-38所示，设计一款适合该女士晚礼服风格的烟熏妆。服装和妆容色彩自定。
7. 如图5-39所示，为该芭蕾舞演员设计一款面部结构清晰的结构妆。

图5-36　请根据着装颜色设计化妆形象

图5-37 为商务旅行者设计一款自然妆　　图5-38 设计一款适合晚礼服的烟熏妆　　图5-39 为该芭蕾舞演员设计一款面部结构清晰的结构妆

第六章
Chapter Six

古今中外经典妆容

"云想衣裳花想容"，唐朝女子对美有着独到的理解和追求，这是由于唐代社会风气开放，百家争鸣，百花齐放，使女性能够充分地展示自我，张扬个性。《战国策》中"士为知己者死，女为悦己者容"，让我们素颜前往，揭开古代女子的化妆秘诀（图6-1）。

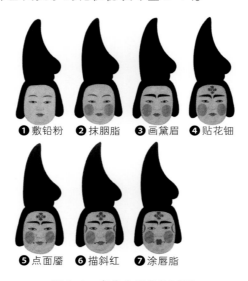

❶ 敷铅粉　❷ 抹胭脂　❸ 画黛眉　❹ 贴花钿

❺ 点面靥　❻ 描斜红　❼ 涂唇脂

图6-1　唐代女子化妆过程

第一节　唐代女子与西方女子化妆对照

一、敷铅粉

化妆时先在脸上敷粉。妆粉是古代女子化妆用的必需品。古代的妆粉有两种：一种以米研碎后加入香料而成"粉"；另一种是化铅而成的糊状面脂，称"铅粉"，俗称"胡粉"。东方女子追求肌肤白皙，以白为美，《韩非子》云："故善毛嫱，西施之美，无益吾面，用脂泽粉黛，则倍其初。"如图6-2～图6-5所示。

在英国伊丽莎白女王统治的时代，脸色苍白无血色，被认为是地位的象征，所以苍白的妆容是从那时开始流行的（图6-6）。在伊丽莎白时期，穷人因为在外劳作，皮肤黝黑，而白皙的皮肤，可以看出良好的出身。富人们为了显示皮肤苍白，甚至会放血，让自己看起来更加病弱一些。当时流行女性拔眉、剃眉、剃发线，让额头看起来高，女性刷一种叫铅白的含铅粉底让自己看起来肤色更苍白。如图6-7所示，由于伊丽莎白一世有一头自然的红发，其他人也把头发染红或戴假发来配肤色。

图6-2 白妆（明代妇女）

图6-3 白妆（清代焦秉贞的胤禛妃行乐图）

图6-4 白妆（清代双美图）

图6-5 三白妆（明代唐寅的孟蜀宫妓图）

图6-6 扑粉（擦粉的女人）

图6-7 白妆（伊丽莎白女王）

二、抹胭脂

伴随敷粉，与之配套的是抹胭脂，胭脂是一种红色的颜料，也就是今天的腮红。胭脂的位置往往集中在两腮，所以双颊多呈红色，而额头、鼻子以及下颔则露出白粉的本色，中国古代传统画人技法中有"三白"之说，就是根据这种化妆方法而来。汉代以后，妇女化红妆者与日俱增，且经久不衰。从大量的文献记载以及形象资料来看，古代妇女化妆，往往是脂粉并用，单以胭脂妆面的比较少见。如图6-8、图6-9所示。

欧洲几个世纪以来，拥有亮丽的肤色成了美丽的代名词。从路易十四时代到路易十六时代，宫廷贵妇化妆均在脸上涂抹一层厚厚的白色铅粉之后，再往颧骨上涂一层朱砂。在如同面具一样的脸庞上，红色的脂粉晕染开来，直至下眼睑，如图6-10、图6-11所示。到19世纪，都在奉行着"皮肤要像象牙一样白净光亮"这样的美丽法则，只有交际花、女演员、歌手和妓女才涂抹红色的胭脂。

图6-8 胭脂妆（红妆，唐宫女图）

图6-9 胭脂妆（红妆，唐代女子化妆）

图6-10 红妆（玛丽安东妮）

图6-11 红妆（玛丽亚·德瑞莎公主）

在《追忆似水年华》中有这样的描写：主人公的母亲因为怀疑一个远房表妹涂抹了胭脂，就与她断绝了一切往来。在美洲，威廉姆·艾瑞士（William Irish）所写的《密西西比河的汽笛》中，丈夫不经意间发现了妻子藏在行李箱中的胭脂盒，妻子作为烟花女子的往事顿时败露。

三、画黛眉

早在周代《楚辞·大招》中便有"粉白黛黑，施芳泽只"的描述。中国传统妆容不重视眼妆，但极重视眉妆。古时妇女常将原来的眉毛剃去，然后用一种以烧焦的柳条或矿石制成的青黑色颜料画各种形状，名叫"黛眉"。《释名·释首饰》曰："黛，代也。灭眉毛去之以此画代其处也。"《诗经》有"蝤首蛾眉"，蝤首是额广而方，蛾眉源于对蚕蛾触角的模仿，这触角形象被妇女用作眉的样式，如图6-12、图6-13所示。汉魏时期出现了"城中好广眉，四方画半额"；唐代眉妆从细而长到宽而阔，应有尽有，如图6-14所示；宋明时期的眉妆纤细秀丽，中国古代眉妆的式样之多，世所鲜见。

西方古老的眉妆热衷于拔眉和画弓形眉。古希腊社会禁止女性化妆，有化妆行为的女性通常被视为性工作者。古希腊眉妆特色是长、浓、眉间距窄，到古罗马时在眉妆上没多大变化，如图6-15～图6-17所示，古希腊和古罗马时期女性眉间距窄，凸显鼻线。到了禁欲主义的中世纪受宗教的影响，化妆等于放荡，女性不得不禁锢爱美之心。但是爱美是人的天性，到文艺复兴时期，

图6-12 蛾眉源于对蚕蛾触角的模仿

图6-13 蛾眉（唐代贵族妇女《簪花仕女图》）

图6-14 唐代妇女画眉样式的演变

图6-15 古希腊维纳斯

图6-16 古希腊的陶杯外表彩色绘画

图6-17 古罗马肖像画《面包师夫妇》

艺术生命力得以复苏，化妆术流行起来，人们以白皙的肤色为美，为了显示宽大的额头，还会剃掉遮住额头的头发；眉妆要么全部拔掉眉毛不加任何修饰，要么去掉眉毛后画出弓形眉，如图6-18、图6-19所示。巴洛克和洛可可时期，女性虽浓妆艳抹，但眉形基本是弓形眉，如图6-20、图6-21所示。直至近代的西方社会眉形多是符合西方女性立体脸型的弓形眉，只是在眉的粗细、长短、浓淡上有所变化，如图6-22、图6-23所示。

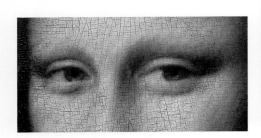

图6-18　无眉的蒙娜丽莎

图6-19　画弓形眉的披纱布的少女（意大利拉斐尔）

图6-20　17世纪巴洛克时期贵族

图6-21　18世纪洛可可时期贵族

图6-22　奥黛丽·赫本

图6-23　玛丽莲·梦露

四、贴花钿

"花钿"专指一种饰于额头眉间的额饰，也称"额花""花子"等。花钿图案繁复多样，最简单的是一个小小的圆点，最常见的是梅花形，还有许多复杂多变的图案，如牛角形、扇面状、桃子样等，如图6-24所示。这种花钿贴在额上，宛如一朵朵绚丽鲜艳的奇葩，把女子妆扮得雍容华丽，如图6-25所示。

在中国称为"花钿"的妆饰在欧洲称为饰痣，15～16世纪流行于欧洲的饰痣有圆形、星形、新月形等各种形式，是女性脸庞上的化妆重点。在《法国大革命回忆录》中，福布朗伯爵提到："在凡尔赛宫，几乎所有的女人们都在口袋里随身携带着一个小盒子，盒子里有假痣、口红、刷子，还有

图6-24 各种花钿

图6-25 花钿（唐仕女）

小镜子。她们每到一处，都毫不做作地拿出自己的化妆盒，随心所欲地给自己补妆。"

五、点面靥

面靥指施于两侧酒窝处的一种妆饰。靥指面颊上的酒窝，面靥又称妆靥。古代的面靥名称叫"的"（也称"勺"）。指女子点染于面部的红色圆点。汉代刘熙《释名·释首饰》载："以丹注面曰勺。勺，灼也。"面靥的形状也并不局限于圆点，而是各种花样，有的形如钱币，称为"钱点"；有的形如杏桃，称为"杏靥"；还有各种花卉的形状，称为"花靥"。如图6-26所示，敦煌壁画中的"薄妆桃脸，满面纵横花靥"。

在欧洲无论是"花钿"还是"面靥"统称为"饰痣"。17世纪末期，巴黎的妇女流行点黑痣的化妆术。黑痣的形状分为星形、月牙形和圆形的，一般多点缀于额、鼻、两颊和唇边，也有点于腹、肚和两腿内侧隐蔽处的，痣的色泽有黑色和红色等。据1692年巴黎圣但尼街点痣店的宣传称：痣的含义因痣的所在部位不同而异，大有区别。例如，点于额上的痣象征女王；点于鼻孔两侧的示意不知羞耻；点于眼框上表示充满热情；嘴唇边点痣者，表示爱接吻，是个爱情不专一的女人；酒窝上点上痣示意主人是位性格爽朗的女人，如图6-27所示。当然，这些含义都

图6-26 面靥（南唐女供养人图）

图6-27 痣的含义因痣的所在部位不同而异

图6-28 斜红（唐仕女）

是人们设想出来的。

六、描斜红

斜红是名词，古代中国女子面颊的一种特殊面饰。是模仿魏文帝曹丕宫中一名宫女薛夜来受伤后的样子，用胭脂在面部画上这种血痕，名"晓霞妆"。时间一长，便演变成一种特殊的妆式——斜红。南朝梁简文帝《艳歌篇》中曾云："分妆间浅靥，绕脸傅斜红。"如图6-28所示，梳妆时，在女子眼角两旁各画一条竖起的红色弯弯新月形，色泽艳红，有的还故意描成残破状，犹如两道刀痕伤痕，亦有作卷曲花纹者。

七、涂唇脂

先秦文人宋玉《神女赋》中"眉联娟以蛾扬兮，朱唇的其若丹"，记录了中国古代妇女点唇的历史由来已久。刘熙《释名·释首饰》一书中记载了点唇所用的唇脂："唇脂，以丹作之，像唇赤也。"历代妇女点唇的式样千变万化，不拘一格，总的来说以娇小浓艳为美，俗称"樱桃小口"，如图6-29所示。

欧洲受希腊哲学和罗马时代的影响，化妆象征放荡和妓女。14世纪中叶以意大利为中心，受到文艺复兴的影响，对女性的错误认识发生了转变，开始流行化妆。与东方的樱桃小口相比较，西方以嘴唇的形状和颜色像玫瑰一样的浪漫和性感为美，如图6-30所示。

图6-29 点唇以娇小浓艳为美

以上是将中国唐代女子化妆与西方女子化妆进行了比较，中国与欧洲的女性化妆有着较大的差异，应该说中国古代女子化妆造型的丰富性世所罕见。近代，由于化学和技术的发展，化妆品的成分和制造技术得到发展，制止了世界各地人为使用有害化妆品的现象，在面部涂抹的颜色由浓转变为自然妆，迎来了近现代化妆的复兴。

图6-30　20世纪30年代知名影星玛琳·黛德丽

第二节　传统妆容现代设计16款

一、喜庆妆

1. 操作步骤（图6-31）

（1）涂一层护肤品。再用润唇膏滋润嘴唇。

（2）脸的T型区打130粉底，包括唇部也要覆盖粉底。

（3）面颊两侧打151粉底。

（4）打好粉底后上一层散粉。

（5）选择大红色腮红粉。

（6）用腮红刷涂染眼睑的后半部分。

（7）从眼睑往太阳穴及面颊方向过渡。

（8）用黑眼线笔画眼线，并向内、向外拉长眼线。

（9）涂睫毛膏。

（10）根据需要也可以粘贴假睫毛。修剪假睫毛；涂睫毛胶，贴假睫毛。

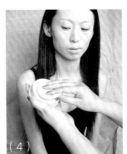

图6-31

图6-31　喜庆妆的操作步骤

（11）画细眉。

（12）再用黑眼线液拉长上眼线，以加强眼的长度。

（13）再用黑眼线液加强下眼线。

（14）选大红色口红。

（15）由内向外点唇，呈现咬唇妆效果。

2．提示

　　该妆满脸打粉底覆盖，包括遮盖原本的唇色，为咬唇妆做好唇部底妆。选择较为鲜艳的唇彩，在唇部的中央位置开始渐淡晕染唇彩，咬唇妆旨在打造唇部被轻咬过的血色感。面部大面积的红粉晕染，增强中国红的喜庆感。眉眼塑造中国传统丹凤眼的效果。

> *设计师感想：* 中国早在战国时期就有"敷粉则太白，施朱则太赤"的记载；欧洲大量在脸上妆红始于希腊，后来红妆成为美女的代名词。根据中国传统，在喜庆的日子里都使用红色。此款红妆被设计师融合的收放自如，打造出现代审美的喜庆妆（图6-32）。

图6-32　喜庆妆

3．模特

　　陈佳。

二、黄红妆

1. 操作步骤（图6-33）

（1）打好粉底后，选黄色眼影。

（2）晕染上眼睑。

（3）选红色眼影。

（4）晕染下眼睑。

（5）用黑色眼线笔画上眼线。

（6）用暗红色眼线笔画下眼线。

（7）用暗红色笔画眉。

（8）涂睫毛胶，贴假睫毛。

（9）用黑色眼线液加强眼尾。

（10）打暗红色腮红。

（11）选白色眼影粉。

（12）提亮鼻梁。

（13）提亮眉弓。

（14）选大红色口红。

（15）用小指薄薄的点染"咬唇妆"。

（16）再用唇彩笔加强唇部装饰色彩。

图6-33 黄红妆的操作步骤

2．提示

喜欢高纯度黄红色彩妆的人不多，再画上红色眉，更让人觉得"雷人"。这就要看如何来搭配组合，改变眉色、改变眼影、改变唇型，即刻改变一个人的气质。如果本身的眉毛较浓，建议画红眉前先以遮瑕膏遮盖原有眉毛颜色。在"咬唇妆"基础上加强唇中心区域的造型，可以增加唇彩的层次。

> **设计师感想：**时尚解密，就是"善变"。设计师一直重视强调人物眼部的造型与设计。眼部创意是现今时尚界不容忽视的潮流。我们需要用眼睛表达内心的体验和情感。运用传统色彩的红与黄，融入现代人对它的再诠释（图6-34）。

图6-34　黄红妆

3．模特

王莉娟。

三、新桃红妆

1．操作步骤（图6-35）

（1）选择与肤色相似的粉底打底。脸宽者可用深色粉底收缩面颊两侧。

（2）上散粉。

（3）晕染桃红色眼影。

（4）眼影扩张晕开，晕染方法似烟熏妆。

（5）画眼线，涂睫毛膏，画眉。

（6）提亮眉弓。

图6-35　新桃红妆的操作步骤

（7）提亮鼻梁及脸颊。

（8）涂玫红色口红。

2．提示

如果模特脸较宽，可在脸的T型区用浅色粉底，脸的两侧用深色粉底，使脸变窄有收缩感。眼部的桃红色晕染过渡渐变似烟熏的效果，舍去腮红突出眼妆，提亮眉弓、鼻梁、脸颊，使面部更加立体。这是一款传统晕染与现代立体塑造相结合的新民族妆饰。

*设计师感想：*桃花红，杏花白……当时尚要表现民族风时，往往缺乏那股原汁原味，若以欣赏的角度来看这款"桃红妆"，倒是舍去了那份乡土气，变得更时髦。随着化妆品制作质量的提高，彩妆品极大地丰富了女性妆容的表现力，使得妆容的形象更富有浓浓的女人味儿（图6-36）。

图6-36　新桃红妆

3．模特

傅冰冰。

四、白素妆

1．操作步骤（图6-37）

（1）、（2）用白色戏剧油彩之前，先在脸上涂一层隔离霜。用掌侧将白色戏剧油彩均匀地在脸上薄薄的打一层妆底，眼窝、鼻窝等凹陷处用手指打上妆底，特别是眉毛上要覆盖妆底。

（3）、（4）用纯白色的妆粉定妆。

（5）、（6）用黑色眼线笔画丹凤眼线。

（7）、（8）再用眼线液在关键部位加强眼线的清晰度。眼线重心后移且两头尖、中间宽。

（9）用黑色的眉笔画平平的一字眉。

（10）选玫红色口红。

（11）、（12）由唇中央向外晕染咬唇妆。

（13）完成后的效果。

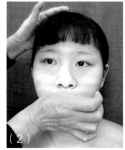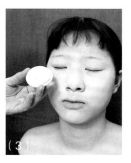

图6-37

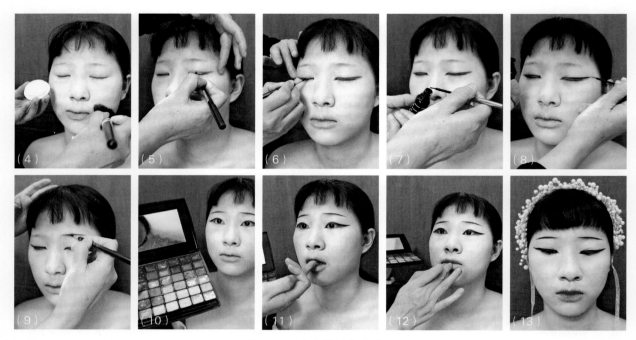

图6-37　白素妆的操作步骤

2. 提示

此款妆的眉型为一字眉，来源于元代蒙古族妇女的面部妆扮。在台北故宫博物馆藏"历代帝后像"中，元世祖的察必皇后画像上的眉型不仅细长，而且平齐，是一种典型的"一字眉"。在吐鲁番柏孜克里克石窟壁画中，蒙古族女供养人像的眉型也多为细长的"一字眉"。可见，细长的"一字眉"在元代蒙古妇女中颇为时尚。一字眉不是人人都能画，该模特符合画一字眉的条件，本身眉毛浅淡较平直。而且一字眉与此款白素妆的平淡、平静风格相吻合。

> **设计师感想：** 唐朝白居易《江岸梨花》诗："最似嬬闺少年妇，白妆素袖碧纱裙。"这里的白妆指女子居丧的妆饰。中国古代女性懂得面部是情感表达的集中所在，可以将自己的脸作为画布一样予以涂抹。这款白素妆用白诠释素雅（图6-38）。

图6-38　白素妆

3. 模特

宣可馨。

五、白涂妆

1．操作步骤（图6-39）

（1）将模特的眉毛修的薄一些。

（2）用白色戏剧油彩之前，先在脸上涂一层隔离霜。

（3）用掌侧将白色戏剧油彩在脸上均匀、薄薄地打一层妆底，眼窝、鼻窝等凹陷处用手指打上妆底，特别是眉毛要覆盖妆底。

（4）用纯白色的妆粉定妆。

（5）用黑色眼线笔画丹凤眼线。

（6）再用眼线液加强眼线的清晰度。眼线两头尖、中间宽，重心在眼尾处。

（7）用黑色的眉笔画一条具有装饰效果的眉，呈波浪曲线。

（8）用深蓝色珠光唇彩画唇。

（9）、（10）完成后的效果。

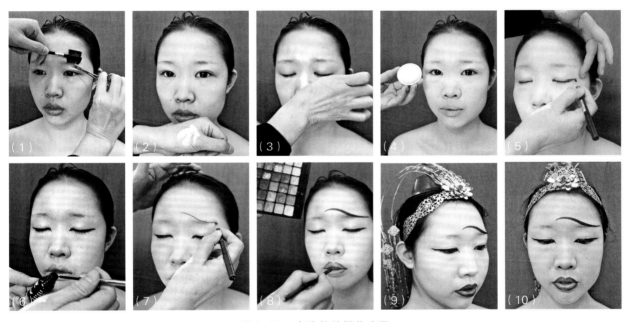

图6-39 白涂妆的操作步骤

2．提示

打粉底时要将眉毛覆盖，妆饰眉是画一条流动的曲线，打破左右对称的平衡感，造成一种不平衡的动感。画眼线先用黑色的眼线笔画，再用黑色的眼线液加强其清晰度，这样画出的眼线虚实有度。白涂妆无任何红色面饰，唇彩用蓝色，将脸变成无表情的妆饰面具。

3．模特

苗绮原。

设计师感想：这是一款以纯白底妆突出眉、眼、唇的点缀妆饰。五代马缟《中华古今注·头髻》："梁天监中，武帝诏宫人梳回心结，归真髻。作白妆青黛眉。"日本的传统白妆深受中国影响，剃眉并白妆面。这款白涂妆，脸上没有血色，还用冷蓝色唇彩加强脸上冷白的效果，与日本那种适合幽暗光线下的白妆，同样带着鬼气。这不是生活妆，这是视觉妆饰艺术（图6-40）。

图6-40 白涂妆

六、三白妆1

1. 操作步骤（图6-41）

（1）用咖啡色粉底，在脸颊、眼睑、额眉处打上一层咖啡色粉底。

（2）～（5）用白色戏剧油彩，在额发际线处、鼻梁至鼻头处、下颔处拍打上白色戏剧油彩。

（6）咖啡色粉底处扑深色定妆粉。

（7）、（8）白色油彩处扑白色定妆粉。

（9）画丹凤眼线。

（10）贴假睫毛。

（11）、（12）打橘红色腮红。

（13）、（14）用深咖啡色眉笔画八字眉。

（15）、（16）在下唇点画口红，边界清晰。

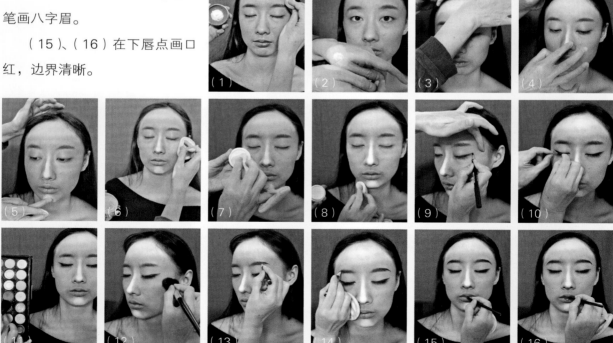

图6-41 三白妆1的操作步骤

2．提示

脸颊染满浅赭；额头、鼻梁、鼻尖、下颏处染以白粉，更有明亮感；使眼睛更加有神的凤眼；突出眉毛的倒晕眉；下唇染红；整个妆容颇有立体的效果。

设计师感想： 唐末五代时出现一种立体化妆法，叫做"三白妆"，三白是额头、鼻子和下巴三个部位涂白，作用是增强面部的立体感，类似现代化妆的提亮。当用现代妆品实现三白妆时，感叹古代先人的创作智慧，妆容细致，形象生动（图6-42）。

图6-42 三白妆1

3．模特

周湉湉。

七、三白妆2

1．操作步骤（图6-43）

（1）在脸上涂一层隔离霜。

（2）、（3）用咖啡色粉底在脸颊、眼睑、额发际线处打上一层粉底。

（4）~（6）用白色戏剧油彩，在眉额处、鼻梁至鼻头处、下颏处拍打上白色戏剧油彩。

（7）、（8）细节处可用手指涂画，边缘过渡要均匀。

（9）白色油彩处扑白色定妆粉。

（10）、（11）咖啡色粉底处扑深色定妆粉。

（12）~（14）画丹凤眼线。

（15）贴假睫毛。

（16）用深咖啡色眉笔画八字眉。

（17）打橘黄色腮红。

（18）在下唇点染口红。

图6-43

图6-43　三白妆2的操作步骤

2. 提示

此三白妆特点：眉额、鼻、下颏三处提亮，咖啡色粉底衬托三白处的白，八字愁眉，一点唇红，塑造楚楚可人的古典美。

> *设计师感想：*中国古典三白妆是指脸上不做其他修饰，仅仅涂白前额、鼻子、下巴三个部位。这样的修饰提升了面部立体感，不像白妆那样显得凄凉单薄，可视为中国最早的立体化妆（图6-44）。

3. 模特

赵嫣然。

八、怀旧映象

1. 操作步骤（图6-45）

（1）用130粉底打底。中国传统尚白。

（2）上散粉。

（3）用黑眼线笔画眼线（中国传统妆容通常不画眼影）。

（4）然后用眼线液加强上眼尾眼线。

（5）涂睫毛膏。

（6）粘贴假睫毛。

（7）用黑眉笔画细眉。

（8）下眼角涂一点点咖啡色眼影，有扩张眼裂的效果。

图6-44　三白妆2

（9）选嫩红色腮红。

（10）打腮红。中国传统尚红，腮红可以明显一些。

（11）选玫红色唇彩。

（12）不涂满唇，由内向外泛出的红晕，唇中间用大红色加强，咬唇妆的效果。

图6-45 怀旧映象的操作步骤

2．提示

中国传统妆容以白为美，妆底白皙用130粉底，而且眉、唇都要用粉底覆盖。打好粉底后，一定再扑一层散粉，即所谓"一白遮三丑"。中国传统妆容通常不画眼影，直接画眼线，为了使眼睛显大，在下眼睑的眼尾处晕染少许咖啡色眼影，以使眼裂增大。腮红偏前略红，粉嘟嘟的效果。唇彩泛出红晕，做出咬唇妆的效果。

设计师感想： 和谐、空灵、感性、优雅，思绪情不自禁深陷在那个传奇的怀旧时空里。漾溢着淡淡的恬静，抚慰着都市人浮躁的心灵。生活在时间中叠复，对过去的回忆永远是我们眷恋的情怀（图6-46）。

3．模特

沈奕君。

图6-46 怀旧映象

九、额黄魅紫妆

1. 操作步骤（图6-47）

（1）用130粉底涂于面部的T型区。

（2）用140粉底涂于脸颊的两侧。

（3）涂抹的粉底过渡要自然。

（4）用咖啡色眉笔在眉上方画一条弧线。

（5）左右两边线条对称且连贯。

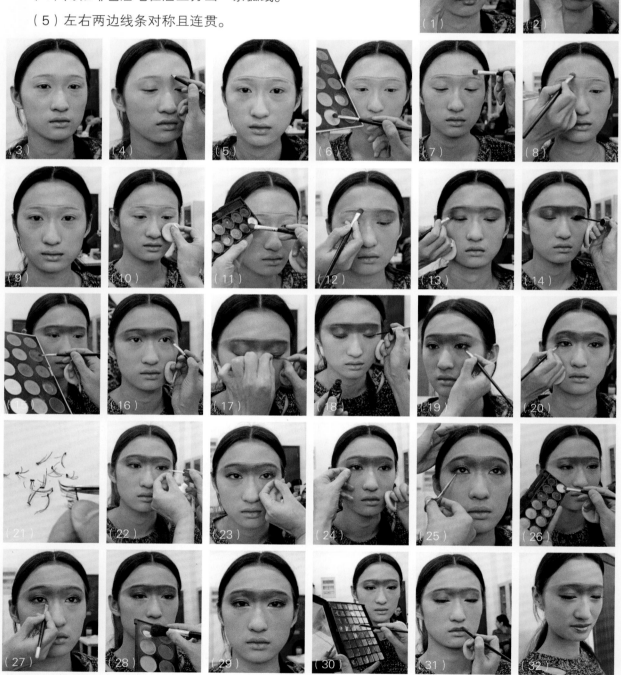

图6-47　额黄魅紫妆的操作步骤

（6）、（7）选择黄色眼影粉，在线上方涂抹。

（8）、（9）以线为边线，由浓及淡向额部的发际线方向晕染。

（10）在面颊处打一层散粉，以避免即将涂抹的蓝紫色眼影掉落并粘在脸颊上。

（11）~（13）再选择蓝紫色眼影，以线为边线，在眉眼部涂抹装饰。

（14）涂抹睫毛膏。

（15）、（16）选择咖啡色眼影晕染下眼睑处，使眼眶有扩张感。

（17）贴假睫毛。

（18）用眼线液画上眼线。

（19）、（20）用眼线笔画下眼线，并用咖啡色眼影使眼线过渡自然。

（21）将一条假睫毛剪成一个个小束。

（22）将一小束假睫毛涂上睫毛胶。

（23）、（24）粘贴在下眼睑的后眼线处，两边分别排列粘贴三小束。

（25）将粘贴的三小束假睫毛再进行修剪。

（26）、（27）选择白色眼影将下眼睑的前端提亮。

（28）、（29）用玫红色腮红打团状颊红。

（30）、（31）用玫红色唇彩涂抹口唇。

（32）完成后的效果。

2. 提示

黄色涂于额部，本身不强烈，但与紫色衔接并列时，对比产生强烈的视觉。晕染的制作过程，注意过渡自然，强调装饰性。修饰下眼睑时，追求立体感，反衬上眼睑的单纯细致。腮红以团状晕染，透出淡淡的红晕，谓之"高原红"。口红与腮红选择统一的色彩，使视觉集中于面部的上半部分。

设计师感想： 自南北朝至宋元，描述"额黄"的诗词不胜枚举。"额黄"的妆容手法主要有两种：一为染画法，二为粘贴法。额黄魅紫妆的额黄处理源于染画法，眉眼间的蓝紫色染画，使得黄与紫产生强烈对比，相互映衬。这是一款以东方染画为思路的妆容设计，不追求面部的立体效果，强调色彩效果（图6-48）。

3. 模特

赵嫣然。

图6-48 额黄魅紫妆

十、赭面妆

1. 操作步骤（图6-49）

（1）用151深色粉底打底。

（2）上散粉。

（3）白色戏剧油彩，涂上眼睑，用手指从眼睫处晕开。

（4）选咖啡色眼影粉。

（5）画下眼睑。

（6）使上、下眼睑产生明暗对比。

（7）画黑眼线。

（8）选用暗红色腮红。

（9）打腮红。

（10）选用深咖啡色眼影粉。

（11）在左右脸颊呈对称平衡，打出"晒伤"的感觉。

（12）涂成"晒黑"的效果。

（13）用深咖啡色眉笔，画飞扬的"倒八字"细短眉。

（14）用白色油彩涂白口唇。

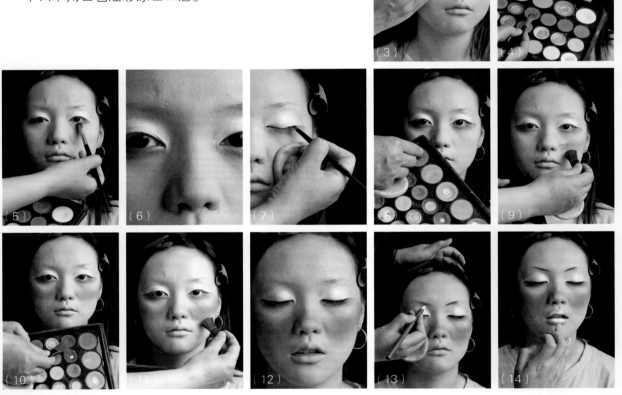

图6-49　赭面妆的操作步骤

2．提示

"赭面妆"是一种"胡妆"，来自于吐蕃。赭色是一种叫赭石的矿石颜色，此款赭面妆，削弱眉毛的视觉，将上眼睑和口唇都涂染成白色，通过白色衬托出面颊的赭红色，也通过面部的暗赭色衬托出眼和唇的亮白色，彼此相互衬托加强视觉反差。

图6-50　赭面妆

> **设计师感想：**唐安史之乱后，吐蕃妇女的"赭面妆"流行，白居易《时世妆》中"腮不施朱面无粉……双眉画作八字低……妆成尽似含悲啼……斜红不晕赭面状……髻堆面赭非华风"。从诗句中可明显看出，元朝以及之前确实流行面红如赭的赭面妆。今天，设计师将民族元素变异，将其夸张为街头妆（图6-50）。

3．模特

徐红。

十一、布艺花钿妆

1．操作步骤（图6-51）

（1）将纸剪成半圆形，作为样子。

（2）将布按照纸样剪成半圆形，待用。

（3）挤出黄色戏剧油彩。

（4）将模特脸上打好粉底后，再将眼睛画成烟熏眼。

（5）用黄色油彩涂额。

（6）将额及鼻梁涂满，额际处颜色与皮肤过渡自然。

（7）用手掌侧拍打黄色油彩。

（8）将黄色油彩拍打在嘴周围。

（9）用黑色眉笔画眉。

（10）将眉画成拱形长眉，从鼻根开始，眉尾拉长。

（11）将剪好的半圆形布片涂上胶。

（12）粘贴在额部。

（13）九块布片在额印堂处分布呈菱形。

（14）贴两侧太阳穴处。

（15）并排贴四块布片。

图6-51　布艺花钿妆的操作步骤

（16）然后将上、下嘴唇各贴一块。

（17）布片周围的唇边皮肤添上黄色。

（18）用布片贴指甲。

（19）每个布片都要修剪成与指甲的边缘相吻合后再粘贴。

（20）将发际中间画出尖角，俗称："美人尖"。

2．提示

"美人尖"是指女性额头中间突出来呈小三角的一部分毛发。中国古代面相学认为，有美人尖的女性通常有着温柔且腼腆的性格，属居家贤妻良母型。该妆模特徐莉也是该书的作者，额头较高，鼻子较短，妆容时将额黄延伸至鼻、嘴部，在较宽阔的额部绘制"美人尖"，再用粉红色布艺妆饰额钿、斜红、唇、指甲。由于布料柔软，贴饰后舒适透气，服帖皮肤且不易脱落。

设计师感想：灵感不会来自凭空的想象，只会来自对过去、现在和未来的某种生活形态的感受。设计师创作"布艺花钿"，想散发一种"安详宁静"的气息。运用元素有额黄、花钿、斜红、长眉、点唇、额际线……早期文化朴素的艺术内涵首先来自于对对称性的感知（图6-52）。

3．模特

徐莉。

图6-52　布艺花钿妆

十二、民俗映象妆

1．操作步骤（图6-53）

（1）先画好基本妆。

（2）用大红色戏剧油彩点额眉间红点，俗称：额间俏。

（3）额间俏用油彩笔画匀。

（4）将大红色戏剧油彩用掌侧扑打在脸上。

（5）边缘处用手指晕匀，使其过渡自然。

（6）用黄色戏剧油彩点面靥（靥，俗称酒窝）。

（7）左右两边面靥对称。

（8）用大红色油彩点晕"咬唇妆"。

（9）完成后的效果。

图6-53　民俗映象妆的操作步骤

2．提示

眉间俏，旧时女子在两眉间点红点是富有特色的妆饰；妆靥，是施于面颊酒窝处的一种妆饰。此妆型，面颊红扑扑的晕散，口唇浸淫般的渐变，眉间红彩点染，唇边面靥点黄，寻找古代中国妇女的俏丽形象。

> **设计师感想：** "越是民族的越是世界的"，这是各界文化人不断讨论的话题。设计师纷纷从民族、民俗中吸取乳汁，寻觅灵感，永不言倦。中国古代妆容中的额间俏，唇边面靥，永远都是那么美（图6-54）！

3．模特

沈奕君。

图6-54 民俗映象妆

十三、黄紫妆

1．操作步骤（图6-55）

（1）脸的T型部位打130粉底，脸的两侧打151粉底。眉和唇也都要覆盖粉底。

（2）除眼睛周围外，上定妆散粉。

（3）选黄色眼影粉晕染上眼睑，并向太阳穴方向扩展。

（4）选紫色眼影粉晕染下眼睑，并向太阳穴方向扩展。

（5）画眼线，并拉长眼尾。

（6）涂睫毛膏。

（7）根据需要可以贴假睫毛。修剪假睫毛。

（8）涂睫毛胶。

（9）贴假睫毛。

（10）用眼线液拉长眼尾。

（11）画短眉。

（12）画下眼线。

（13）拉长前眼角。

（14）涂樱桃小口。

图6-55

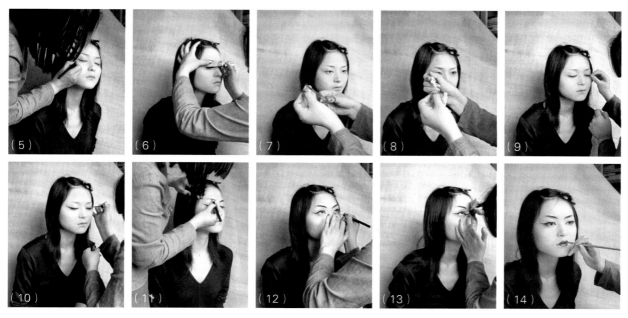

图6-55 黄紫妆的操作步骤

2. 提示

上眼睑晕染黄色眼影，下眼睑晕染紫色眼影，形成色彩的补色对比，使两种颜色在对比中相互加强。眼影和眼线都向太阳穴方向拉长，与"分梢眉"形成错位对比。此分梢眉型源于唐永泰公主墓壁画。唇型在传统樱桃小口的基础上略有加大，以适应现代人的审美风尚。

 设计师感想： 流光飞舞，逝者如斯。妆品伴随着女人走过无数春秋。或是妖娆浓情；或是雍容华贵；或是怀旧古拙；或是玲珑剔透；或是精工细做；或是天真童稚……不同的设计，带出不同的女人心情（图6-56）。

3. 模特

刘晶。

图6-56 黄紫妆

十四、蛾眉红妆

1. 操作步骤（图6-57）

（1）用型号130膏状粉底打妆底，包括眉和唇都打上粉底。

（2）、（3）为了使妆面更白，可使用食用生粉当作散粉。

（4）、（5）打散粉。

（6）、（7）选择玫红色腮红涂染眼睑及面颊。

（8）、（9）选择红色口红画眉。

（10）使用眼线液画眼线。

（11）、（12）与画眉选择同样的红色口红点唇。

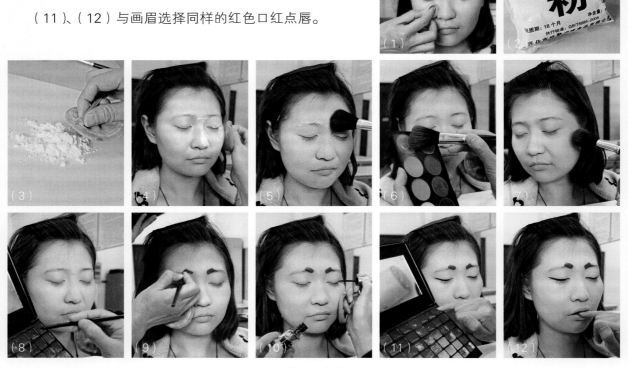

图6-57　蛾眉红妆的操作步骤

2．提示

选择比较白的130型号的粉底膏，粉底打的厚些，将面部瑕疵都遮盖住，并且嘴唇也打上粉底，便于点染红唇。用食用生粉作为妆粉使肌肤更白皙，在苍白的肌肤上晕染红润，更衬托眉红、唇红的娇艳。合着双眸，画细细长长且上挑眼线，塑造丹凤朦胧之美。

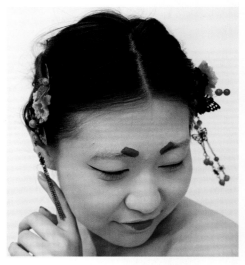

图6-58　蛾眉红妆

设计师感想： 该妆容模仿中国古典化妆，用香粉和腮红细细盖去脸上的瑕疵、灰暗与黑眼圈，粉白晶莹如玉，腮红晕染，展现东方简洁奢华之美。复古的发髻，轻轻摇曳的发簪，上挑的眼线，惊艳的眉红、唇红，犹如穿越时空盛开的牡丹花（图6-58）。

3．模特

刘雅琦。

十五、蛾眉泪妆

1. 操作步骤（图6-59）

（1）选择130膏状粉底。

（2）、（3）粉底打的厚些，覆盖嘴唇和眉毛，颈部有过渡。

（4）上散粉。

（5）修饰面颊轮廓。

（6）~（8）选用蓝色膏状眼影修饰下眼睑。

（9）用黑色眼线液画眼线。

（10）、（11）选用黑色眼影粉画眉。

（12）再用黑色眼线笔将眉毛修饰的有虚实感。

（13）、（14）选择白色眼影粉，修饰下眼睑的前端。

（15）、（16）选择红色口红，装饰下眼睑做泪妆。

（17）、（18）选择暗红色口红，修饰口唇。

图6-59 蛾眉泪妆的操作步骤

2．提示

妆粉较厚遮盖各种瑕疵，如肤色不均、暗沉、斑点、小细纹等。蛾眉绘画，虚实有致，用染与画结合，展现水墨中国之韵。下眼睑用蓝色妆饰与蓝色丝巾相呼应，"泪"选择与口红一致的大红色妆点，产生对比突出的装饰效果。

> **设计师感想：** 提起"泪妆"总是给人梨花带雨楚楚怜人的印象。李白《怨情》诗句："美人卷珠帘，深坐颦蛾眉，但见泪痕湿，不知心恨谁。"该款蛾眉泪妆不表现哀婉，碧绡纱巾，幽静如水，黛眉红唇，惊鸿一瞥，回眸一笑百媚生，光鲜华美，润物细无声（图6-60）。

图6-60　蛾眉泪妆

3．模特

石玉桃。

十六、妍媸妆

1．操作步骤（图6-61）

（1）用151深色打粉底。

（2）选近黑色眼影粉。

（3）画烟熏眼。

图6-61　妍媸妆的操作步骤

（4）画黑眼线。

（5）贴假睫毛。

（6）上定妆粉。

（7）用深咖啡色眉笔画细长眉。

（8）用白色戏剧油彩，在脸颊上从左至右对称地画白色线条。

（9）白线下方用手指将白色油彩颜色晕染开。

（10）涂黑色口唇。

2．提示

妍媸，拼音 yán chī，表示美和丑。唐朝"时世妆"一反传统的点朱唇习俗，用乌膏将唇涂为黑色，不辨妍媸。现代妍媸妆，设计师用黑色的浓重烟熏妆加上黑唇妆，配置面部中心部位的白色油彩的晕染，形成黑白反差很有戏剧感，难以驾驭的性感妖艳，诡异十足。

图6-62　妍媸妆

> **设计师感想：**唐代诗人白居易著名的《时世妆》描绘了唐代安史之乱后的时尚流行："乌膏注唇唇似泥"，白居易叹息这一元和年代的"时世妆"是"妍媸黑白失本态"，颠倒黑白，以丑为美，与人脸的天然形态完全背离。而今，秀年轻狂野，这是一个可以不要求完美，却绝对不平庸的妆容。谁够酷、够帅、够出位，谁就是"万人迷"（图6-62）。

3．模特

李欣竹。

第三节　东方艺术妆与原始妆饰概览

一、东方艺术姊妹花

中国京剧与日本歌舞伎素有"东方艺术传统的姊妹花"之称。高度风格化的舞台语言，强调戏曲效果的姿势、动作、眼神以及摆架子、玩特技和夸张的出场、快速的换装、神奇的转变，吸引着人们去欣赏而经久不衰。

1. 中国京剧

二百年前（1790年）安徽戏班三庆班为了参加清乾隆皇帝的庆寿来到北京演出，与后来陆续来京的徽班长期居留北京，并在民间扎根。徽班在艺术上以徽调、楚调（汉调）为基础，广泛吸收、融合了昆曲、京腔、梆子（秦腔）等古老戏曲的剧目和艺术表演技巧，大胆创新，经过数十年的孕育期，在1860年左右形成了京剧。京剧全面继承了中国戏曲悠久的艺术传统，源远流长，积累丰厚。在北京崛起之后逐渐流遍全国，成为中国最具代表性的戏曲剧种。

京剧形成时行当分得较细，现在简约为生、旦、净、丑四大行当，如图6-63所示。京剧行当又称角色。"生"是小生，男性角色（图6-64）；"旦"是花旦，女性角色（图6-65）；"净"是花脸，性格鲜明的男性（图6-66）；"丑"是小丑，幽默滑稽或反面角色（图6-67）。

图6-63　生、旦、净、丑

图6-64　生

图6-65　旦

图6-66　净

图6-67　丑

京剧艺术植根于中华民族文化沃土之中，其妆容造型艺术具有鲜明的民族特色和很高的美学成就，堪称中国传统妆容艺术的"活化石"，被西方戏剧界誉为东方的"野兽派"。京剧艺人的舞台妆有许多讲究，它创立了程式化的"脸谱"，与生活妆相距甚远。红色脸谱表示忠勇、侠义；黑色脸谱表示刚烈、正直、勇猛甚至鲁莽；黄色脸谱表示凶狠、残暴；蓝色或绿色的脸谱表示粗豪、暴躁；

白色脸谱表示奸臣、坏人（图6-68）。脸谱最初的作用，只是夸大剧中角色的五官部位和面部的纹理，用夸张的手法表现剧中人的性格、心理和生理上的特征，以此来为整个戏剧的情节服务，后来发展为以人的面部为表现手段的图案艺术。

各个行当在唱、念、做、打四种表现手段以及化妆、服饰上，都有一套不同的程式规则。以旦角为例（图6-69），在演出前要根据剧中所扮演的人物特点进行面部和头部的化妆与装饰。化妆有着繁琐的过程：

图6-68　脸谱

图6-69　旦角

（1）拍底色：底色为肉色油彩，底色的深浅要根据舞台灯光的强弱、人物的年龄、身份而加以区别。脸和颈部都要拍均匀，注意是"拍"不是"抹"。

（2）拍腮红：以红色油彩为主，从眼窝、鼻梁两侧开始，压住眉毛，由上而下，由中间向两侧，由深渐浅地均匀拍打，直到与底色融为一色。以上眼睑部位为最红。

（3）定妆：即敷粉。在拍打的油彩上敷一层薄薄的散粉，可使油彩的造型固定在脸上。敷好后再用大粉刷子轻轻掸去浮粉。

（4）涂胭脂：胭脂涂在两颊的部位，胭脂的作用是使面部色彩更加鲜艳。

（5）画眼圈：眼睛是心灵的窗户，更是演员揭示人物心情的关键部位。所以画眼圈要画出生动的神韵，才能起到烘托演员表演的作用。旦角演员基本是化凤眼妆，外眼角略往上挑，给人以妩媚之感。

（6）画眉毛：在原有眉毛的基础上加以夸张，如青衣、花旦要画柳叶眉，武旦、刀马旦要画剑眉，彩旦要画八字眉。画眉的长短粗细曲直，也要结合演员的脸型、五官的特点，从整体上进行协调和弥补。

（7）画嘴唇：用大红油彩勾画上下嘴唇的轮廓，充分发挥画嘴唇的美化作用。

在化妆时还要注意人物与行当的差别。如青衣要显得庄重典雅，花旦年轻活泼，武旦和刀马旦健壮勇敢。京剧的化妆艺术给人们带来了许多启迪，从中汲取营养，丰富妆容表现风格，无疑是一种审美的愉悦。

2. 日本艺伎

日本"艺伎"指专事艺能的女子。伎，技巧之意。日本艺伎产生于17世纪的东京和大阪。最初的艺伎全部是男性，如图6-70所示，他们在妓院和娱乐场所以表演舞蹈和乐器为生。18世纪中叶，艺伎职业渐渐被女性取代，成了日本社会不可分割的一部分。艺伎一直以来就是会唱、会跳、会乐器、会写诗的娴熟艺人，都受至少三年训练。受不同级别训练的艺伎化不同的妆，并一直沿袭至今。

图6-70 男艺伎

艺伎妆容是一种传统的艺术，化妆时将调好的白粉用刷子从颈部的两侧开始来回涂抹，需要覆盖面部、颈部和胸口，如图6-71所示，并在颈后留空白，呈W型或V型的自然肌肤，发际线留白，勾勒出面部线条，如图6-72、图6-73所示，再用粉扑涂抹，晕开底妆，也可边涂底妆边晕，使之更为服帖，并用粉扑移除多余的粉。之后是完成眉毛和眼睛的化妆。眉毛和眼角描黑，舞伎会把眼部涂成红色，眉毛也会再涂一层红色。第一年的舞伎会将下嘴唇部分涂色，上嘴唇不涂，如图6-74所示；一年后上嘴唇也会涂上颜色，如图6-75所示；毕业后的艺伎通常在上嘴唇画出优美线条，下嘴唇画圆润，像一朵娇艳欲滴的花蕾，如图6-76所示。

图6-71 白粉用刷子从颈部开始涂抹

图6-72 颈后留空白呈W型

图6-73 颈后呈V型

图6-74 第一年的舞姬下嘴唇部分涂色

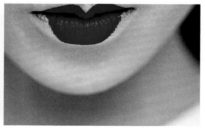

图6-75 一年后上嘴唇也会涂上颜色

图6-76 像一朵娇艳欲滴的花蕾

据说艺伎面部之所以涂白，是因为过去室内照明都用蜡烛，没有电灯，只有涂的非常白才能使人看上去更漂亮。《艺伎回忆录》的作者阿瑟·高顿对艺伎裸露后背的一种解释为：艺伎化妆留下来的肌肤，虽说只是表示一种裸露，但从白色的妆容下微露出的肌肤能够引起男性的情欲。另有学者认为：对于跪坐在榻榻米上的日本女子，站着俯视她们的男性，领口露出的颈部成为审美对象，这也是为什么日本女性和服的领子张开的原因，如图6-77所示。

图6-77 日本女性和服领子向后张开

二、神秘的原始文身

文身是文身氏族、部落和个体的语言，它用图式表达自己的情感世界（图6-78）。文身分为绘身、瘢痕和刺青。绘身，指用各种色彩的颜料涂抹在人的身体上，色彩亮丽但很容易洗去，没有痛苦，属于暂时性修饰（图6-79）；瘢痕和刺青，是人为地给皮肤造成创伤以留下伤痕（图6-80），或者被针刺过的皮肤上涂抹染料以使色素经久不褪地保持在表皮之下（图6-81），必须忍受一定的痛苦才能完成（图6-82、图6-83），属于永久性修饰。直到现代，澳大利亚土著、波利尼西亚、密克罗尼亚、拉美、非洲及东南亚的某些民族、氏族部落仍然保留文身传统。

原始文身最常见的是把本部落的图腾绘制或文到自己身上，这与原始人的图腾崇拜有关，也有文身是用来反映个人在社会中的不同地位，绘制或刺青的图案不同，身份和地位也不同。大多数原始民族都认为他们绘制或刺青在身上的花纹很美，没有这些花纹，就会变得很丑。许多研究文身风

图6-78 文身

图6-79 绘身

图6-80 瘢痕

图6-81 刺青

图6-82 忍受痛苦

图6-83 人为给皮肤造成创伤

俗的学者认为，原始时期的绘身和文身显然与远古人类的服装、发式以及其他各种装饰物的发展演变有密切的联系，人类最早的服装很可能就是绘身或文身的附属物。但是，随着服装在人类社会中的逐渐推广，绘身和文身的风俗却在不断地消退。

文身的行为仅用一种学说难以做出完整的解释，各个社会时期的主导文化不同，其表现也各不相同，可以从宗教、保护、装饰、身份等几个方面来探讨。随着社会的发展和文明的进步，文身图式的美感表现在以下几个方面：

（1）对称的原则：文身图式的普遍对称性，表明原始人对人体的对称性已有了深刻的认识。因此，他们往往以人体中轴线为基准，在人体两侧相同部位文刺相同的图式（图6-84）。

（2）节奏和韵律的原则：图式在造型上常常有秩序和有规律地不断重复出现（图6-85）。

（3）对比的原则：这主要表现在图式的色彩运用，它与肤色以及人们的情感存在特殊的关系（图6-86）。

必须指出，人类是社会性的动物，这一切形式都来源于人们所赋予的文化意义。人类是爱美的。一切有益、有用的事物，最后都保存它的精华，虽然其原始意义已经遗失，但美的东西不但得到保存，而且被发扬光大，最后发展成为一种艺术。现代绘画艺术家借鉴和模拟文身的效果，在人体上重新开始了更高起点的艺术——现代画身。现代文身不是传统的文身，艺术家的画身也绝不等于原始的绘身，它是一种更高层次的回归。

图6-84 对称

图6-85 节奏和韵律

图6-86 对比

三、化妆始祖埃及人

化妆的历史远比我们看到的壁画或绘画的历史还要长，古埃及是世界四大文明古国之一，有着悠久的历史和灿烂、神秘的文化。最初的化妆从古埃及时代开始，据史料记载最早有意识的使用化妆品来进行自身修饰的是公元前5000年的古埃及人，与防身、宗教仪式有着密切联系。渐渐地，化妆由巫术、宗教、医学意义演变成以装饰为目的的化妆，有了美的意识和美容化妆的习俗。无论男女、贫富，人人都会化妆，男性和女性的化妆也开始出现区别，在户外活动的男性多崇尚棕色皮肤，而在家里的女性开始追求白色皮肤，这一现象一直延续到现在，如图6-87所示。古埃及眼妆画得非常浓重（厚重），眼影多用蓝绿色，在眼窝处大面积涂带有珠光的蓝色或绿色，是用天然孔雀石制成。描上下眼线，眼线拉长成鱼形状，使其眼显得大而长，眼尾上斜。描眼线用的是方铅矿石和孔雀石磨成粉状后，与油脂混合而成。用黑墨染睫毛。眉毛粗厚，高高向上拱起并拉长。唇色则是身份地位的象征，只有上层社会的人才有资格涂抹嘴唇。当时最流行的唇色是橘色、红色、蓝黑色以及洋红色。

其实，古埃及男女涂的蓝色或绿色眼膏，并不是今天意义上的眼影化妆，而是一种眼药膏。埃及地处东北非，气候炎热，易患眼疾，绿色的孔雀石被认为是最好的眼药，所以古埃及人的眼眶上往往涂着绿色，如图6-88所示。古埃及人还认为绿色象征着再生与生命，人们无论有多穷，亲人死后，都要想方设法在其坟墓里放进一壶绿色的眼膏。

人们通过研究，还揭示了古埃及关于"邪眼"的传说。民俗学者认为，古埃及人极为相信邪魔存在于人类中，在不知不觉中，有的人就带上了邪眼。经邪眼看过的人或牲畜都会遭到不幸。为了抵消邪眼的魔力，古埃及人在眼睛周围涂以黑色，一是为了锁住邪眼，二是为了吓退或引开邪眼的视线，如图6-89所示。

图6-87 古埃及眼妆（埃及第十九王朝的著名壁画）

图6-88 影视埃及妆（《埃及艳后》）

图6-89 古埃及饰眼（埃及艳后）

第四节 典型妆容现代设计10款

一、京剧（花旦）映象

1．操作步骤（图6-90）

（1）准备好戏剧油彩。

（2）用掌侧将嫩肉色油彩扑打在脸上。

（3）局部用手指打匀。

（4）用白色油彩将额打满。

（5）鼻梁也打上白色。

（6）用大红色油彩画整个上眼睑。

（7）再用手掌侧将颜色晕染开。

（8）用毛笔描画眼睑细节。

（9）若局部颜色不匀，则用手指打匀。

（10）晕好后的妆面效果。

（11）扑上定妆粉。

（12）用黑油彩画宽的眼线，眼头、眼尾都需拉长。

（13）用黑油彩画眉。

（14）眉、眼呈上扬的效果。

（15）用大红色唇线笔画唇线。

（16）涂大红色口红。

图6-90　京剧（花旦）映象的操作步骤

2．提示

底妆要将额、鼻T部位用白色油彩提亮，形成较好的骨骼效果。眼影晕染细腻过渡，要与腮红连为一体。眼线从眼头开始由细变粗，眼尾上扬，眉毛也相应上扬，眉眼的勾画要清秀且端庄大方。嘴唇的上下厚度比为1：1.5。

> *设计师感想：* 心情如剧情，化着京剧花旦的妆容，内心深处开始变得复杂。生活中绝不可能出现的唱腔行板，却给现代人带来对历史的回味，不是潮流，却超越潮流（图6-91）。

3．模特

沈奕君。

图6-91 京剧（花旦）映象

二、艺伎映象

1．操作步骤（图6-92）

（1）选用较白的130粉底，先从颈部开始，因为大面积脖颈将露在外面，所以颈部像脸一样打满粉底。粉底覆盖整个脸、颈部和胸口，特别是嘴唇涂成和脸一样的白色。

（2）后颈脖处粉底呈W型，突出传统美感。

（3）使用食用生粉，因为生粉很白，替代散粉。

（4）、（5）打好粉底后，用粉扑在粉底上扑上一层生粉。

（6）用大粉刷蘸粉红色腮红。

（7）淡淡地晕染在整个上眼睑。

（8）给眉毛也同样用粉红色腮红上底色。

（9）再在粉红色的眉毛妆底基础上，从眉头向下拖拉出鼻侧影。

（10）选红色眼膏。

（11）、（12）用手指点染在眼尾处，并逐渐晕开。

（13）用眼线笔画眼线。

（14）用眼线液在眼尾处强调一下。

（15）先用咖啡色眉笔画眉。

（16）再用黑色眉笔将关键部位画黑。

（17）选红色唇膏。

（18）、（19）上唇画圆润的薄唇。

（20）下唇画的小而圆润，像盛开的桃花。

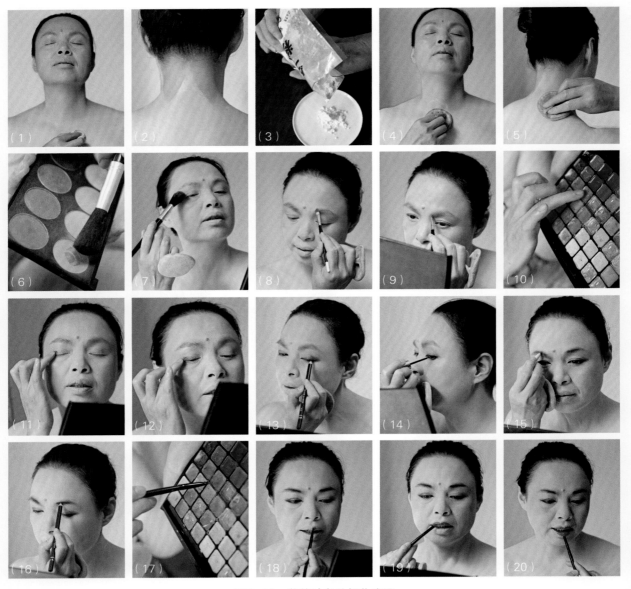

图6-92 艺伎映象的操作步骤

2. 提示

艺伎妆特点：厚厚的白色底妆，大红的唇彩以及眼睛周围或黑或红的色彩。我们通常没有纯白色的粉底，可以用较白的膏状粉底代替，覆盖整个脸、颈部和胸口，并在颈后留下两三处空白，形成W型或V型空白，传统上多为W型，再用纯白的食用生粉或米粉替代散粉，给粉底定妆。传统上，眼部晕上红色，眉毛和眼角用细木炭描黑，现在我们都用现代妆品替代。嘴唇一定要画小，似花蕾。

*设计师感想：*海明威曾把日本艺伎的嘴唇比作白雪上的一点血。所以粉底要打厚一些，笼罩一层古老的神秘感。颈脖后的W型空白，因为"日本男人对女人颈部的感觉就同西方男子对女人的大腿的感觉一样"。艺伎的和服脖领往往开得很大，而且向后倾斜，最能撩拨人的情怀。画眉时，考虑眉毛掌控了脸型的轮廓，设计成从粉红色底到咖啡色眉再用黑色强调，这样的眉毛在颜色上有过渡和层次感，有一种神秘的东方美（图6-93、图6-94）。

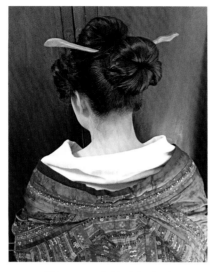 

图6-93 艺伎映象（1） 图6-94 艺伎映象（2）

3．模特

徐莉。

三、佛妆映象

1．操作步骤（图6-95）

（1）打粉底，选择与模特肤色接近的粉底。

（2）上散粉。

（3）选择金色眼膏。

（4）平涂整个上眼睑。

（5）选择紫色眼膏。

（6）涂抹下眼睑。

（7）粘贴假睫毛。

（8）用眼线液画眼线。

图6-95 佛妆映象的操作步骤

（9）用黑色眉笔画眉，弧状拱形眉。

（10）、（11）用深蓝色膏涂口唇。

2．提示

《西游记》第6回中，首次对观音菩萨做了正面的外貌描述。"眉如小月，眼似双星。玉面天生喜，朱唇一点红。净瓶甘露年年盛，斜插垂杨岁岁青。"在这里，与其说观音被描述成一位法相庄严的女菩萨，还不如说作者是依照人世间美貌女子的形象塑造"她"。

此款创作的"佛妆映象"把握以下要点：涂画膏状眼影；画小月眉；画丹凤眼线；显肃穆的蓝色唇膏。

> ***设计师感想:*** 宋朱彧《萍洲可谈》卷二："先公言使北时，见北使耶律家车马来迓，毡车中有妇人，面涂深黄，红眉黑吻，谓之佛妆。""佛妆"是契丹所处严酷的气候环境下，妇女冬季使用的一种独特的美容护肤术，也与契丹人崇佛、礼佛浓厚的宗教文化氛围密切相关。"面涂深黄""红眉黑吻"很难想象当时契丹妇女的"佛妆"效果。但是，现代人可以创作属于自己心目中的"佛妆映象"（图6-96）。

图6-96　佛妆映象

3．模特

王鑫。

四、印度风情

1．操作步骤（图6-97）

（1）使用深浅不同的褐色粉底。

（2）、（3）浅褐色用于脸的正面，深褐色用于脸的两侧，使面部更有立体感。

（4）打好粉底的底妆效果。

（5）上定妆粉。注意眼睑周围不上定妆粉。

（6）、（7）选择紫色眼影，晕染上、下眼睑。

（8）选择玫红色在紫色眼影边缘衔接过渡晕染。

（9）使用深棕色给眉毛打底色。

（10）使用玫红色打腮红。

（11）、（12）使用黑色眼影粉，在睫毛根处晕染，使眼睛轮廓清晰。

（13）、（14）将假睫毛用睫毛胶粘上一些亮光片。

（15）、（16）贴上处理过的假睫毛，并用眼线液画眼线。

（17）用黑色眉笔画眉。

（18）在此基础上还可再用黑色眼影及黑色眼线笔加强眼部轮廓。

（19）用白色妆粉，提亮鼻梁额头T形部位、面颊正面三角部位，加强面部的立体感。

（20）用唇线笔画唇线。

（21）涂玫瑰红色唇彩。

（22）同样用玫瑰红色唇彩在额上画一颗圆形痣。

（23）、（24）再在鼻梁和额头的T形部位装饰几颗"心形"贴饰。

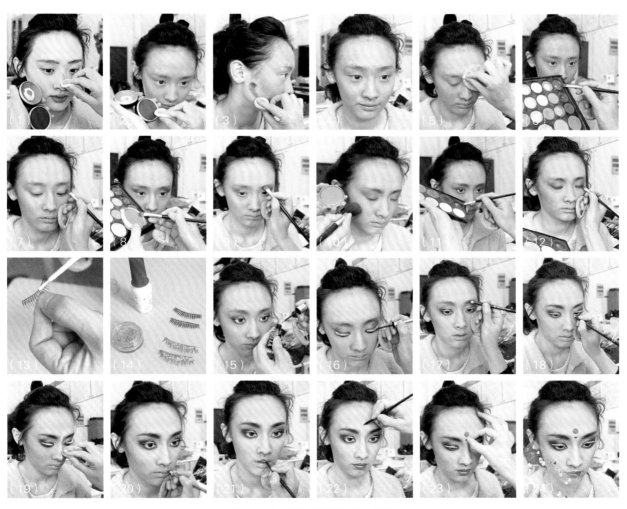

图6-97　印度风情的操作步骤

2．提示

印度人从外表肤色看，多为深褐色肌肤，面部立体感较强，所以选择深浅不同的褐色粉底打妆底，做出面部的立体效果。印度人额头上的红点，如果看到红色的圆点，通常就是已婚，而看到各色不同形状的点，就是装饰。一般说，已婚妇女都点上红色的痣，表明已经有了归宿，未婚女子点痣不用红色而用紫黑色；生孩子或回娘家的妇女，以紫黑色痣作点缀。痣通常点在额头正中离鼻梁一寸的部位，大小约指面大。除了寡妇和年幼的少女不点痣外，都有点痣的习惯。

> **设计师感想：**印度妇女额头上点的红色点，那是印度妇女独特的一种妆饰，是历史悠久的一种习俗，它是喜庆、吉祥的象征，所以印度人称为吉祥痣，即"迪勒格"。印度人的黑皮肤凸显了金银首饰的华丽，印度女人不戴首饰甚至不出门，否则会被认为是没有礼貌的表现（图6-98）。

图6-98　印度风情

3. 模特

姚艳菁。

五、黑人映象

1. 操作步骤（图6-99）

（1）挤出肉色戏剧油彩。

（2）加入黑色和朱红色戏剧油彩，调出黑皮肤色。

（3）把调好的颜色画在脸上。

（4）用掌侧拍打将颜色晕涂开。

（5）晕染好脸后，还要过渡到颈部。

（6）准备好黄、红、蓝及黑、白色戏剧油彩。

（7）在眼睑上方，画一条弯曲的黄色线。

（8）接在黄色下方，画一条弯曲的红色线。

（9）接在红色下方，画一条弯曲的蓝色线。

（10）画宽的黑眼线。

（11）画好后的眼部效果。

（12）贴上假睫毛。

（13）眉间点上白点。

（14）眼尾点上白点。

（15）下眼圈点上白点。

（16）用金色点唇。

（17）唇彩由内向外晕染开。

图6-99

图6-99 黑人映象的操作步骤

2. 提示

化黝黑有光泽的肤色，使用戏剧油彩中的肉色、黑色、朱红色混合调制出需要的妆底色，充分显示出黑人的特色。该妆关键是眼睛的画法，强调装饰性。嘴唇用亮光金色，体现丰满感。

设计师感想： 作一回黑人，心动不已。一脸漆黑的妆容，眼睑上添加五颜六色；黑中不能没白，白点装饰，不可或缺。在细节上，点与线的连接，与皮肤形成鲜明对比。（图6-100）。

3. 模特

徐莉。

图6-100 黑人映象

六、埃及映象

1. 操作步骤（图6-101）

（1）模特脸的T部位打130粉底。

（2）面颊两边打151粉底。粉底过渡要自然，使面部产生立体感。

（3）粉底打好后，上散粉，使皮肤柔和。

（4）选蓝绿色眼影粉或者眼影膏，也可膏、粉并用。涂满整个上眼睑，并拉长眼影。

（5）画上眼睑黑眼线，并延长至太阳穴。

（6）画下眼线。

（7）用黑眉笔画眉。

（8）用咖啡色眉笔将眉尾延长至眼线处，即太阳穴位置。

（9）用咖啡色眼影画眉鼻侧影。

（10）修剪假睫毛，贴假睫毛。

（11）选白色眼影粉。

（12）提亮鼻梁。

（13）提亮颧骨上方，使其富有骨感。

（14）用棕色眼影粉将面部侧面打暗，使面颊更显立体感。

（15）打嫩红色腮红。

（16）涂嫩红色珠光口红。

图6-101 埃及映象的操作步骤

2. 提示

传统埃及妆，重点在眉眼间，弱化腮红和唇彩。亚洲女性面部没有埃及女性的立体感，在打粉底时就要做出立体感。传统埃及妆的眼影通常使用膏状眼影，如果表现妩媚可以选择孔雀绿，表现灵动可以选择金黄色。传统埃及妆的包围式（鱼形）眼线，将整个眼部轮廓清晰地描画出来，加粗眼线，拉长眼尾。同时，眉毛也要相应拉长。

设计师感想： 我是谁？我，只是一种情绪，一个角色。几经岁月沧桑洗礼的古老埃及妆容，在默默叙述着女性曾经生活过的状态。打开尘封千年的"潘多拉盒子"，讲述女人千回百转的故事，释放出无与伦比的魅惑光彩，体验一回埃及艳后（图6-102）。

图6-102 埃及映象

3. 模特

沈奕君。

七、古希腊映象

1. 操作步骤（6-103）

（1）用130打粉底。

（2）、（3）上定妆粉。

（4）选用金铜色和金黄色眼影膏，先用手指将金铜色眼影膏点按在眼窝处，再用金黄色眼影膏点按上眼睑。

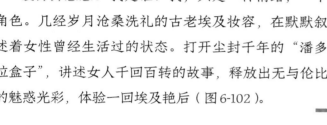

   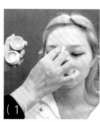 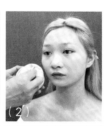 

图6-103 古希腊映象的操作步骤

（5）用金黄色眼影膏提亮眉骨。

（6）、（7）膏剂眼影涂好后，再用同色的粉剂眼影加强，并且眉毛也打上金铜色底色。

（8）~（10）先用膏剂画眼线，再用粉剂加强眼线。

（11）贴假睫毛。

（12）、（13）用黑色眉笔画眉，眉毛画粗并且连心。

（14）打腮红。

（15）涂橘红色口红。

2．提示

古希腊女性妆容特点是性感与妖娆，用锑粉修饰眼部，用自制的白铅化妆品改善皮肤的颜色和质地，面颊及嘴唇则涂抹朱砂。此古希腊映象妆用较白的粉底将皮肤调整的较白皙；眉毛浓粗且连心，用黑色眉笔描画出连心"毛"的效果；眼影和眼线均先用膏剂再用粉剂，根据眼部结构做出立体感。

设计师感想： 古希腊女性化妆追求皮肤白皙，受欢迎的眉型是眉毛连成一线，若自然眉形在眉间无法连成一线，有些女性在眉间粘动物皮毛或者用眼影粉补画眉毛。在中国古代也曾经流行过连心眉，《妆台记》中说"魏武帝令宫人画青黛眉，连头眉，一画连心甚长，人谓之仙娥妆（图6-104）。"

图6-104　古希腊映象

3．模特

张竞文。

八、古罗马映象

1．操作步骤（图6-105）

（1）用130打粉底。

（2）上定妆粉。

（3）、（4）选用金铜色和金黄色眼影膏，先用手指将金铜色眼影膏点按在眼窝处，再用金黄色眼影膏点按上眼睑。

（5）用金黄色眼影膏提亮眉骨，再用金铜色眼影膏给眉周围上底色。

（6）~（8）选择金铜色和金黄色眼影粉，在金铜色眼影膏的部位再涂上金铜色眼影粉；在金黄色眼影膏部位再涂上金黄色眼影粉。

（9）下眼睑前端用金黄色眼影粉，后端用金铜色眼影粉。

（10）用黑色眼影膏画眼线。

（11）用黑色眼影粉再画一遍眼线。

（12）贴假睫毛。

（13）用深咖啡色眉粉画眉。

（14）再用黑色眉笔加强眉的立体感。

（15）画下眼线。

（16）打淡淡的腮红。

（17）、（18）用深紫色唇彩画口红。

图6-105　古罗马映象的操作步骤

2. 提示

先用较白的粉底膏打底，然后用散粉定妆，这样肤色可以调的较白皙，定妆后不易脱妆。眼影和眼线都是先用膏剂，然后再用粉剂，因为膏剂容易脱妆，粉剂不易脱妆，在膏剂上叠加粉剂可以使膏剂固定，又使粉剂吸附住，颜色更浓郁。

设计师感想：古罗马女性化妆皮肤越白表示越富有，穷人在室外劳作，皮肤晒得较黑，所以白色是穷人和富人的区别，女性使用铅粉来增白皮肤，将眼睑涂上淡淡的暗影（图6-106）。

图6-106　古罗马映象

3．模特

王贺。

九、面具幻影

1．操作步骤（图6-107）

（1）准备好所需材料和工具：黑色布料、戏剧油彩、油彩笔、剪刀等。

（2）用黑布剪出若干个圆点待用。

（3）挤出白色戏剧油彩待用。

（4）挤出黑色戏剧油彩待用。

（5）用白色油彩画出此妆范围。

（6）用掌侧拍打，上白色油彩。

（7）白色油彩拍涂整个脸。

（8）用黑色油彩画黑眼圈。

（9）边缘用手指晕染开。

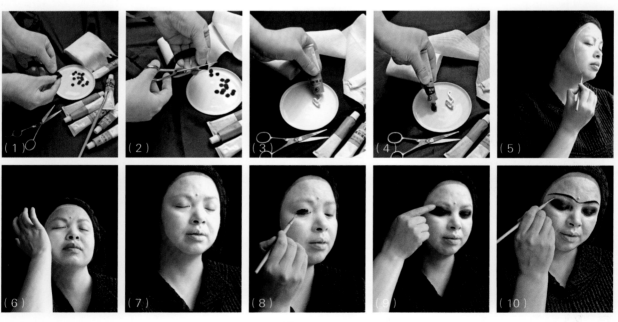

图6-107

（11）　　　（12）　　　（13）　　　（14）　　　（15）

图6-107　面具幻影的操作步骤

（10）用黑色油彩画连头长眉。

（11）将黑布剪出的圆点背面涂上胶。

（12）在额上用黑布剪成的圆点贴出梅花形。

（13）在脸颊贴出两行眼泪。

（14）用黑指甲油涂脚指甲。

（15）用黑指甲油涂手指甲。

2．提示

古代东方人在脸上饰"花钿"，西方人在脸上饰"黑子"。这款妆容的基本材料：黑布、白色油彩、黑色油彩。在创作这款妆容时，为了使眼睫周围不留空白，小心翼翼的填画黑眼圈，因为油彩刺激眼睛。

3．模特

徐莉。

十、欧美风情

1．操作步骤（图6-109）

（1）选与模特肤色接近的140粉底，打粉底。

（2）、（3）用咖啡色眉笔，在眼睑上画双眼线。

（4）除眼睛周围外，上定妆散粉。

（5）、（6）选择黄色眼影，在双眼线的下方涂染。

（7）、（8）选择棕色眼影在双眼线的上方晕染。

（9）～（11）选择金棕色眼影，用于上眼尾增大眼裂。在用于上眼睑棕色眼影的上方晕染过渡。

（12）、（13）选择咖啡色眉粉给眉毛打底色。

（14）、（15）选择珠光感的蓝紫色眼影，用于下眼睑的后半段晕染。

设计师感想： 白妆是最早的妆饰形式。我国早在战国时期，西方早在古埃及时期，就有了白妆。在古罗马时代，贵妇们就已使用黑色圆点来妆点面庞。这款面具幻影，厚厚的白粉好似假面具；流动的黑点，有种凄美、沉思的美感；庄严肃穆的面容，变得贵族般的华丽起来，透露出一种中世纪般的神秘气质（图6-108）。

图6-108　面具幻影

（16）、（17）选择珠光感的白色眼影，用于下眼睑的前半段晕染，过渡自然。

（18）、（19）用黑色眼线笔画上、下眼线。

（20）贴假睫毛。

（21）用深咖啡色眉笔画眉。

（22）、（23）选择橘色妆粉，在面颊"苹果肌"位置轻刷腮红。

（24）选择金棕色唇彩涂口唇。

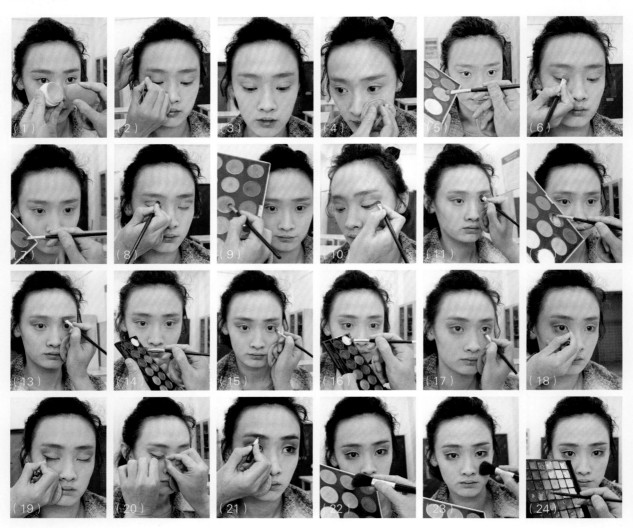

图6-109 欧美风情的操作步骤

2. 提示

欧美人的肤色与东方人的肤色大不相同，欧美人肤色偏冷，东方人偏暖，如果硬是用冷色调的底妆，在肤色上会显得不够干净。画双眼皮用黄色眼影，棕色眼影加深眼窝立体感，以精细平滑的眼线包围眼睛。腮红打在"苹果肌"的位置，苹果肌位置是在眼睛下方二厘米处呈倒三角状的位置，微笑或做表情时会因为面部肌肉的挤压而稍稍隆起，看起来就像圆润有光泽的苹果，得名"苹果肌"。

设计师感想： 东方人的五官不像西方人的五官那么立体深邃，打造适合东方人的立体妆不用刻意雕塑脸庞分明的棱角，只要自然立体，再加上风格鲜明，就是适合东方人的"欧美风情"。该妆重点：上眼睑黄色与下眼睑蓝紫色是对比色，美学上起到了相对的饱和作用，使原本清新的蓝紫色多了一缕神秘感（图6-110）。

3. 模特

姚艳菁。

图6-110 欧美风情

 思考与练习

1. 请你说说唐代妇女的化妆过程。

2. 花钿、面靥、斜红，分别指什么？

3. 请查找埃及艳后妆的图片资料，在自己或她人脸上临摹一款埃及艳后妆。

4. 你的家乡有什么地方戏剧，请临摹一款你家乡的某一戏剧妆。

5. 如图6-111所示，以该图为例，创作一款适合于现代人审美的怀旧妆。

6. 如图6-112所示，以该图为例，用现代化妆品创作一款古代仕女妆。

7. 如图6-113所示，以该图为例，用现代化妆品创作一款古代仕女妆。

8. 如图6-114所示，以该图为例，用现代化妆品创作一款艳丽奢华的西洋古典妆。

图6-111 都市怀旧

图6-112 仕女图1

图6-113 仕女图2

图6-114 17世纪欧洲巴洛克时期女子
服饰造型

第七章

化妆形象创意表现

女人总是不停地描绘自己的脸庞。妆容符号是人类的一种"自由创造"，以此来表示人与事物，以及事物与事物之间的联系，正是由于这一点，符号只属于人类，符号把人类组织成社会。也正是由于这一点，女性许多高超精妙的妆容形象，不是来自于对现实世界实物生动形象的模拟，而是大脑中符号世界的一种再创造。

第一节　化妆形象仿生设计启示

女性描画面容是为了塑造妆容形象，女性购买化妆品是为了寻找青春、美丽、成功和爱情形象。妆容通过视觉传播、感知其意义。妆容形式也许有过对客观事物的模拟，但它仍然凝聚着女性的智慧。就拿"花钿妆"来说，"象形"是它的成立基础，但仔细考察则发现并非如此。一切妆容形象都是人类活动中经验、理性或感受的相互依存结果。很难区分模拟式描画和装饰性绘画有多大区别，就如无法指出实物性写生和抽象化绘画明确的界限在哪里。因为妆容既是现实世界的一部分，又是现实世界的符号，它创造着精神世界。

仿生设计就是来自于生态的诱发创造，仿动物、仿植物、仿建筑、仿自然环境等，具体运用可以外观类同，也可以色感类同，还可以肌理类同和结构类同。在文艺复兴时期和现代许多美学理论中，都把整体和谐关系当作大自然本身规定的美的规律。从这些理论中可演绎出艺术标准和艺术创造的规则。以动物和植物为例：

例 1　来自动物的诱发创造

"羽毛妆"就是来自于动物的诱发创作，如图7-2所示。将一双锐利的眼睛镶嵌在羽毛间，显得格外明亮机敏；作者抓住鸟类眼睛的印象，将其运用到人类妆容中。方法是首先画一个基本妆，重要的是将眼睛画大，眼线、睫毛处理得黑一些，口红浅淡，突出眼睛，然后在眼睛周围贴上羽毛，白羽毛衬托出黑亮的眼睛，如同鸟的眼睛明亮锐利。

羽毛妆突出白色，创造一种寒冷的境界，借寒境来表现对生命的关切。寒冷中蕴涵的不是对自然的冷漠，而是对生命的挚爱。创作时作者主观意识的渗透，形成作品的整体艺术风格。

例 2 来自植物的诱发创造

郑板桥在谈到画竹的体验时，曾提出著名的创作三过程：江馆清秋，晨起看竹，秋筼历历，滴露声声，是谓"眼中之竹"；适逢烟光日影氤氲，疏枝密叶婆娑，因而心弦轻颤，勃勃有画意，是谓"胸中之竹"；落笔倏作变相，是谓"手中之竹"。三竹各不相同，又始终不离开竹，浓郁的情感，不同的心灵历程，都消融在具体的感性形象——"竹"中。

"花钿妆"就是一款来自于植物的诱发创作，如图7-10所示。设计实现了由"眼中之花"到"胸中之花"的转换，即由观象到取象，将客观实象化为心灵虚象。"手中之花"的呈现是将心灵虚象化为实象，将审美意象的期待结构化为现实。通过这样的创造活动，不仅作者心中的情感找到了寄托，得以抒发，而且观赏者也得到了一种视觉享受。

第二节 化妆形象仿生设计12款

一、羽毛妆

1. 操作步骤（图7-1）

（1）准备好白色羽毛、胶及剪刀。

（2）先画好基础妆，在羽毛根部涂上胶并将其贴在眼圈上。

（3）按内短外长的顺序粘贴。

（4）粘贴好羽毛后，对于不整齐的羽毛进行修剪。

（5）完成后的效果。

图7-1 羽毛妆的操作步骤

2. 提示

为了创作羽毛妆，该妆模特沈奕君找到菜场家禽屠宰处，捡拾了一些白色的羽毛，经过洗涤晾晒，挑出能够用于羽毛妆的羽毛。在将羽毛粘贴于眼睛周围时，为了不让羽毛遮挡另一支眼睛的视线，眼的前端妆饰短的羽毛，逐步过渡到眼的外端妆饰长的羽毛。设计者还可以将白羽毛通过染色改变颜色，这款"羽毛妆"还可有更多的创意空间。

设计师感想：千百年来，动物是人类最古老的伙伴，彼此依存又彼此对抗。在相互残杀的游戏中，动物远离我们的生活视野。我们陷入孤独之中。苏醒人类博爱的情怀，让人与动物和谐共存（图7-2）。

3. 模特

沈奕君。

图7-2 羽毛妆

二、猫眼翠钿妆

1. 操作步骤（图7-3）

（1）、（2）选择浅色130、深色151两种型号的粉底。用浅色130粉底涂于面部的T字部位，用深色151粉底涂于脸颊的两侧，颈部过渡自然。

（3）再薄薄地打一层散粉。上下眼睑部位可以不打散粉。

（4）、（5）选择黄色眼影，用大刷子蘸取，在眉尾及太阳穴周围晕染。

（6）、（7）选择橘红色腮红，用大刷子蘸取，以颧骨为中心，向发际方向晕染腮红。

（8）、（9）选择浅咖啡色眼影，用大刷子蘸取，打在面颊的两侧，塑造出立体的面颊效果。

（10）、（11）选择深绿色眼影，晕染上眼睑，并向太阳穴方向延伸。

（12）同样用深绿色眼影，涂眉、鼻侧影。

（13）再同样用深绿色眼影，晕染下眼睑，由后向前晕染，过渡自然。

（14）、（15）选择黑色眼影，在上下眼睑的睫毛处向周围晕染，使眼睛有深邃扩张感。

（16）、（17）用黑色眼线笔，画出拉长的眼角。

（18）用黑色眼线液，画上眼线并拉长眼尾。

（19）用白色眼影，将画出的眼角提亮。

（20）再用黑色眼线液，画下眼线并拉长眼尾。

（21）粘贴假睫毛。

（22）用黑色眉笔画眉。

（23）、（24）再用黑色眼影，将画的眉尾和画的眼线尾，过渡自然细腻。

（25）将额侧涂些睫毛胶。

（26）、（27）将剪好的翠钿（光泽塑纸）粘贴在额两侧。

（28）用嫩的玫红色在颧骨上方打些腮红。

（29）、（30）选择紫色唇彩涂口红。

（31）再用白色妆粉将鼻梁提亮，加强立体感。

图7-3　猫眼翠钿妆操作步骤

2．提示

这款猫眼翠钿，蕴含了强烈的视觉冲击力。翠钿压脸，五彩闪耀。底妆立体，T部位白皙，强调眼头、眉头。制作时，眼头用眼线笔拉长，并用白色加强眼裂；眼尾延伸出去，略上挑；眉头向前冲，使视觉在眼头处聚焦，突出猫眼亮点；唇彩紫色魅惑，加强性感。

> **设计师感想：** 唐代温庭筠《南歌子》诗句："脸上金霞细，眉间翠钿深。"给现代人以无限的遐想：脸上被金霞照映，光辉灿烂，垂至眉间的翠钿因光照而显得更碧。美好的遐想促使设计师创作猫眼翠钿妆。现代时尚达人，不仅使用猫眼美瞳，还模仿猫眼妆，给人一种眼神迷离般的性感。（图7-4）。

图7-4 猫眼翠钿妆

3．模特

赵嫣然。

三、梦里蝴蝶妆

1．操作步骤（图7-5）

（1）打粉底。根据模特的肤色状况，选择与之相适应的130或140粉底。

（2）在脸的下半部分上定妆粉。

（3）、（4）选择紫色眼影，涂染下眼睑，并拉长至太阳穴。

（5）～（7）选择嫣红色眼影，接在紫色眼影下涂染，画出蝴蝶翅膀的形态。

（8）、（9）用黑色眼膏画眼线，重点画下眼线，加粗并拉长至太阳穴。

图7-5

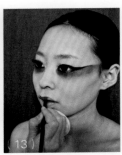

图7-5　梦里蝴蝶妆的操作步骤

（10）、（11）用黑色眼影粉定妆眼线膏，避免脱妆。

（12）贴假睫毛。

（13）选大红色口红涂唇彩。

> **设计师感想：** 杜甫《曲江二首》"穿花蛱蝶深深见，点水蜻蜓款款飞。"蝴蝶在花丛中穿梭，时隐时现；蜻蜓轻点水面，在江上轻快地飞行。在中国民俗文化中，蝴蝶象征着人类幸福、和平、吉祥。该妆将蝴蝶翅膀形绘制在女性容易长"蝴蝶斑"的位置，赞美蝴蝶的一生是为了奉献自己的美丽（图7-6）。

2．提示

图7-6　梦里蝴蝶妆

打好粉底后，在脸的下半部分扑定妆粉，而在眼的下方保留粉底面不扑定妆粉，目的：第一，当用眼影粉在下眼睑涂染眼影时，眼影粉在妆面上有吸附性；第二，当涂染眼影粉时，如有粉质掉落在脸的下方，由于已有定妆粉隔离，眼影粉不会污染妆面，只要一弹就能把掉落的眼影粉清干净。在画眼线时，采取先用膏状再用粉状，也是使粉状有吸附性，粉对膏又有定妆效果。

3．模特

刘莹。

四、庄生梦蝶妆

1．操作步骤（图7-7）

（1）打粉底。根据模特的肤色状况，选择与之相适应的130或140粉底。

（2）除眼睑其他部位都扑上定妆粉。

（3）选择紫色眼影，涂染上眼睑，边缘清晰呈圆弧形。

（4）在圆弧形眼影的边缘，清晰地画一条黑线。

（5）画眼线。

（6）、（7）选择黄色眼影，涂染下眼睑。由于黄色与紫色是对比色，可以加强色彩效果。

（8）贴假睫毛。

（9）、（10）用眼线液加强眼影边缘线和眼线，使之有虚实感。选择淡粉红色打腮红。

（11）、（12）涂自然色珠光口红。

图7-7　庄生梦蝶妆的操作步骤

2. 提示

在"梦里蝴蝶"妆中的蝴蝶翅膀形状采取虚化的外边缘；而在"庄生梦蝶"妆中的蝴蝶翅膀形状采取清晰的外边缘，并且边缘线与眼窝相吻合。这两个妆都没有画眉毛，目的是削弱眉毛，突出妆饰色彩。

> **设计师感想：**相传，战国时期，伟大的思想家庄周在《庄子》中讲寓言故事，借以说明自己的哲学观点。其中《庄生梦蝶》寓言就描绘他梦见自己变成一只蝴蝶，欣然自得，轻松舒畅地自由飞翔，完全忘记人世间的烦恼。回想温馨的梦境，不知是蝴蝶变成了自己，还是自己成为了蝴蝶。设计师创作紫光环蝶彩妆，借此表达人类与大自然的和谐相处，是万物共生的哲理（图7-8）。

图7-8　庄生梦蝶妆

3. 模特

姚艳菁。

五、花钿妆

1. 操作步骤（图7-9）

（1）先画一个基本妆，再选绿色眼影粉。

（2）在上眼睑打上绿色眼影。

（3）从上眼睑一直过渡到面颊。

（4）将画的眉及眼线一直延伸到发迹边缘。

（5）再用绿色从前额发迹一直画到鼻部。

（6）将梅花形的彩色花钿亮片粘在额部。

（7）花钿呈不规则分布。

（8）涂淡粉红色口红。

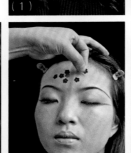

图7-9　花钿妆的操作步骤

2. 提示

花钿是我国古代女子面部妆容的一种贴饰饰品，北朝乐府民歌《木兰诗》里写到"对镜贴花黄"，"花黄"是当时流行的一种女子额饰，属花钿的一个类型。今天我们设计花钿妆，必定带有现代人审美特征和现代人的妆饰方法。

*设计师感想：*世界上完美的形态，莫过于捕捉大自然的每一个细节，并以卓越超群的想象力相融合。春暖花开、山花烂漫、繁花似锦，终日游走于钢筋水泥建筑中的都市人，永远怀有恋花的浪漫情怀（图7-10）。

3. 模特

袁婷婷。

图7-10　花钿妆

六、色晕春秋妆

1. 操作步骤（图7-11）

（1）~（4）甲、乙模特，分别打较白皙的130粉底。除眼睛四周外，分别打上一层散粉。

（5）~（10）甲模特，下眼睑用黄色和绿色眼影，上眼睑用绿色和蓝色眼影。

（11）~（13）乙模特，用朱红色眼影晕染上、下眼睑，再用橘红色过渡并延伸至面颊。

（14）~（16）乙模特，用绛紫色眼影晕染睫毛根处四周，增大眼裂。

（17）、（18）甲模特，用绛紫色给眉毛打底色。

图7-11

图 7-11　色晕春秋妆的操作步骤

（19）、（20）乙模特，用咖啡色给眉毛打底色。

（21）~（24）甲、乙模特，分别用黑眼线笔画上下眼线。

（25）、（26）甲、乙模特，分别涂睫毛膏。

（27）~（30）甲模特，用深咖啡色眉笔画眉尾。乙模特，用浅咖啡色眉笔画眉尾。

（31）、（32）甲模特，打桃红色腮红。

（33）~（35）甲模特，涂大红色口红。乙模特，涂朱红色口红。

2. 提示

春，是绿色、是红色、是紫色……五彩缤纷描绘春色。秋，庄稼金灿灿、葡萄紫莹莹、苹果红彤彤、橘子黄澄澄……硕果累累描绘金秋。这就是"色晕春秋"的妆容色彩定位，要给人以美感。

3. 模特

刘莹、姚艳菁。

> *设计师感想：*《后汉书》卷五十二："春发其华，秋收其实，有始有极，爱登其质。"春，草木复苏、百花绽放、色彩斑斓；秋，秋高气爽、白云飘逸、遍地金黄。"色晕春秋"姊妹妆，将"春华秋实"的印象融入到妆容形象之中（图7-12）。

图 7-12　色晕春秋妆（姊妹妆）

七、珍珠睫毛妆

1. 珍珠睫毛制作步骤（图 7-13）

（1）材料：假睫毛、睫毛胶、有孔的黄色小米珠。

（2）将黄色小米珠穿入假睫毛束中。

（3）黄色小米珠在假睫毛上呈现整齐的排列。

（4）用睫毛胶小刷头对准小米珠中间的孔涂胶。

（5）涂好胶后，放置一会儿等待胶干，即完成了珍珠睫毛的制作。

图 7-13 珍珠睫毛制作步骤

2. 操作步骤（图 7-14）

（1）脸的 T 部位打 130 粉底。

（2）脸的两侧打 151 粉底。

（3）上定妆散粉。

（4）选择金褐色眼影膏。

（5）从上眼睑睫毛根处开始晕染。

（6）选择金黄色眼影膏，在金褐色眼影膏的上方晕染。

（7）、（8）选择有珠光感的深褐色眼影粉，涂染于上、下眼睑的睫毛根附近。

（9）用黑色眼线笔画上眼线。

图 7-14

图7-14　珍珠睫毛妆操作步骤

（10）画相对应的下眼线。

（11）涂睫毛膏。

（12）将制作好的珍珠睫毛涂上睫毛胶。

（13）粘贴在睫毛根处。

（14）、（15）选择淡的橘红色妆粉，打淡淡的腮红，并用深咖啡色眉笔画眉。

（16）选择金色唇彩。

（17）涂口唇。

3. 提示

珍珠睫毛使用非常轻的黄色小米珠制作，并依此确定了整体妆容为金黄色系。在使用了膏状眼影后，又选择了深褐色珠光眼影粉涂于上、下眼睑睫毛附近，一是当眼皮活动时眼影不易脱妆，二是深褐色重点晕染于眼睫附近有增大眼睛的效果。上眼睫毛涂些睫毛膏对假睫毛更有支撑力。

*设计师感想：*制作了一副轻量级的小串珠假睫毛，而且串珠假睫毛还可以重复使用，贴于上眼睫毛处可使眼睛尤为瞩目，微亮的金属光泽眼影搭配珍珠睫毛，能瞬间将人的目光聚焦在眼睛处，成为闪亮的焦点（图7-15）。

4. 模特

袁婷婷。

图7-15　珍珠睫毛妆

八、珍珠滴妆

1. 珍珠睫毛制作步骤（图7-16）

（1）材料：假睫毛、睫毛胶、有孔的小米珠。

（2）将假睫毛剪成一束一束的。

（3）将彩色小米珠穿入一束睫毛之中。

（4）对准小米珠中间的孔涂胶。

（5）制作好后的假睫毛。

图7-16 珍珠睫毛制作步骤

2. 操作步骤（图7-17）

（1）打好底妆并晕染好绿色眼影后，涂上睫毛膏也可以戴假睫毛。

（2）用黑色眼线液画眼线。

（3）将制作好的珍珠睫毛根部涂上胶。

（4）贴在下眼睑睫毛处。

（5）依次贴四束左右。

（6）画眉。

（7）选嫩红色腮红。

（8）打腮红。

（9）选珠光粉色唇彩。

（10）涂口红。

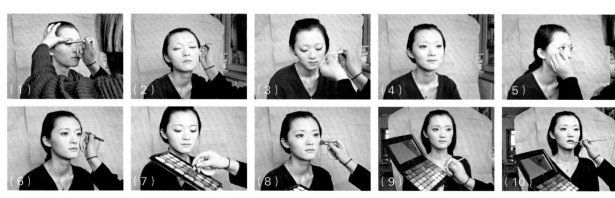

图7-17 珍珠滴妆的操作步骤

3. 提示

动手制作珍珠睫毛束，最好选择轻巧的小米珠。在下眼睑睫毛处装饰几颗彩色珠，能体现出睫毛的精致。珍珠妆的重点在眼部，眉毛、腮红和口红都不宜夸张，突出可爱的珍珠睫毛。

> **设计师感想：** 幼时听外婆讲珍珠的故事："美人鱼因为见不到心爱的人，每天在海中的礁石上孤独地流泪，泪水落在海里，被母蚌轻轻接住，天长日久，就蕴育成了珍珠。"珍珠的光辉不再仅仅是女性颈项间的修饰，它也可以让眼睫毛生辉。（图7-18）。

图7-18 珍珠滴妆

4. 模特

薛霜。

九、彩虹妆

1. 操作步骤（图7-19）

（1）在涂过护肤品的光洁皮肤上，用粉扑均匀地打一层粉底。

（2）选择黄色眼影，用大刷子蘸取。

（3）在面颊颧骨处涂染。

（4）再选择橘黄色眼影，用刷子蘸取，接面颊颧骨黄色眼影的上部涂染。

（5）用眼影刷蘸取土红色眼影。

（6）在下眼睑处涂染，与橘黄色眼影衔接自然，并向眼尾伸展出去。

（7）用眼影刷蘸取柠檬黄色眼影。

（8）、（9）在上眼睑的眼尾到眉弓处涂染。

（10）用眼影刷蘸取绿色眼影。

（11）在眉头及眼窝处涂染，过渡到眉毛，但眉毛并不拉长。

（12）粘贴假睫毛。

（13）用眼线液将眼尾拉长。

（14）使用淡色唇彩。

图7-19

图7-19 彩虹妆的操作步骤

2. 提示

色彩晕染需过渡细腻，色彩与色彩之间衔接自然。彩妆粉在脸颊至下眼睑处向斜上方太阳穴处延展。大面积涂染用大的粉刷，小面积涂染用眼影刷。眼窝眉毛处使用绿色，并向鼻梁处延伸，眉尾不宜拉长，与眼尾色形成错位的效果。

> **设计师感想：**该妆色彩强烈，绿、黄、红，即对比又和谐。突破了以眉、眼、唇作为化妆的重点，将面部妆饰成犹如彩虹般的色彩效果（图7-20）。

3. 模特

刘莹。

图7-20 彩虹妆

十、彩虹画妆

1. 操作步骤（图7-21）

（1）选择笔头软硬适中、出墨均匀的水笔，以彩虹妆为基础，从眉头开始向额部绘制橄榄枝。

（2）额两侧对称绘制橄榄枝。

（3）~（5）局部绘制。

（6）完成后的效果。

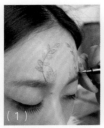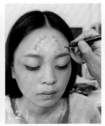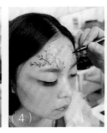

图7-21　彩虹画妆的操作步骤

2. 提示

先设计好橄榄枝的造型，选用软头水笔，以绿色眉为"大地"，橄榄枝从眉头开始向额部"生长"。在额部形成对称的橄榄枝妆饰纹样。注意：绘制时，水笔运行速度不宜快，避免下水不畅。

> *设计师感想：* 该妆型以彩虹妆为基础，在此基础上进行绘画。由于额部的面积较大且平坦，将妆与画结合在一起，是一种新的尝试（图7-22）。

3. 模特

刘莹。

图7-22　彩虹画妆

十一、雨润妆

1. 操作步骤（图7-23）

（1）在涂过护肤品的光洁皮肤上，打一层与肤色相近的粉底。

（2）除眼睑周围，在面颊处扑上一层散粉定妆。

（3）选择深蓝色眼影。

（4）在下眼睑处晕染。

（5）选择淡蓝色眼影，接深蓝色眼影过渡。

（6）、（7）选择淡粉紫和紫色眼影晕染上眼睑。

（8）、（9）用大刷子，蘸取淡黄色和橘黄色晕染额的两侧，从眉处向上由深至浅晕染。

（10）用浅咖啡色晕染眉，并过渡到鼻侧影。

（11）再用咖啡色眉笔画眉。

（12）用扁刷子蘸取白色妆粉，提亮鼻梁。

（13）用散粉定妆。

（14）修剪假睫毛的两端。

（15）涂睫毛胶。

（16）粘贴假睫毛。

（17）用眼线液画上眼线，眼尾过渡自然。

（18）用眼线笔将眼头刻画过渡自然，并画下眼线。

（19）选择淡色唇彩涂唇。

图7-23　雨润妆的操作步骤

2．提示

在打过粉底的妆面上，第一次打散粉时，除眼睑周围，在面颊处打上一层散粉。因为接下来眼睑处要上眼影，如果眼睑上了散粉，眼影就不易着色。那么，为什么又要这么早打散粉，而不是在最后化妆基本完成后打散粉呢？因为该妆型选择的是深蓝色眼影，当选择深色眼影时，为了避免深色眼影掉落在面颊上使妆面变脏，事先要采取防范措施。如果出现深色眼影粉末掉落在面颊上，由于有散粉的隔离而不会污染妆面，用干粉扑或干粉刷一掸，就干净了。

设计师感想：该妆型犹如雨过天晴，大地滋润，天空洁净，给人润泽明快的感觉。由于在下眼睑使用深色眼影，有下沉的效果，可使长脸显短。额两侧黄色晕染效果，非常适合额部宽阔的人（图7-24）。

图7-24　雨润妆

3. 模特

周涴涴。

十二、雨润画妆

1. 操作步骤（图7-25）

（1）在雨润妆的基础上，使用软硬适中的小楷笔，在下眼睑画出水帘的效果。

（2）水帘中间长，两侧短。

（3）上眼睑的后半段，从眼线处开始向上画雨点和水泡的效果，形成点、线、面的装饰效果。

（4）左、右对称绘制。

图7-25 雨润画妆的操作步骤

2. 提示

该模特是单眼皮，具有典型东方人的眼部结构特征，为了使这种特征更加明显，眼部绘画重点放在下眼睑，仍保持上眼睑平坦干净的单眼皮效果。

> *设计师感想：* 在绘画上，根据人物的面部结构以及意境表达，千人千面不拘一格。该模特，额部宽阔，脸颊较长，成为了极好的妆饰部位。（图7-26）。

3. 模特

周涴涴。

图7-26 雨润画妆

第三节　化妆形象创意思维方法

　　爱因斯坦曾说过："想象比思维更重要，因为知识是有限的，而想象力概括世界的一切，并且是知识进化的源泉"。妆容艺术是人类文明的综合结晶，也是设计师创作意向的表达。他们精心设计，创造了富有情绪性、内涵性、风格性的形象表现形式，目的是为了更好地满足人们精神生活的需要。

　　妆容的符号创意，就是通过妆容元素设计赋予妆容形态的一种视觉意义。妆容借助于各种各样的表现形式，诸如对色彩、形状、动态或是明暗变化的视觉感受，使观赏者凭借自身感受，赋予妆容以意义。

　　创意灵感，可以正向思维也可以逆向思维，还可以正向思维和逆向思维相结合。灵感来源于传统、异国情调、建筑艺术、动物植物等，总的来说，来源于大自然，同时也得益于所有的艺术产品，受绘画、音乐、文学等的熏陶。奇特的造型，夸张的艺术手法，是符号创意先声夺人之处。

一、正向思维

　　正向思维是指人们沿着习惯性的思路去思考。人们解决问题时，习惯按照熟悉的、常规的思维路径去思考，即正向思维，有时能找到解决问题的方法，收到令人满意的效果。

二、逆向思维

　　逆向思维是指背逆人们的习惯思路去思考。逆向思维是相对于正向思维而言，也就是从相反的方向思考问题，常常与事物常理相悖，但却能获得出其不意的效果。因此，逆向思维的实质是拓宽了思维的领域，打破故有的习惯思维束缚，敢于想象，敢于创新，不盲目地从众。在创造性思维中，逆向思维是最活跃的。

　　逆向思维法有三大类型：

　　（1）反转型逆向思维法：指从已知事物的相反方向进行思考，常常从事物的功能、结构、因果关系三个方面进行反向思维。人的睫毛本来是上眼睑长，下眼睑短，而这里将其反过来；人的眉、眼、唇的生长方向是横向的，而这里破坏了横向，加强了纵向感。我们无法用美丽、典雅、漂亮等传统意义上的褒义词来形容该妆。但可以用荒诞、离奇、怪异形容该妆，但这些词从来都不是贬义词，或许我们可以从中领略到稀奇古怪、生动有趣、引人入胜的一面。

　　（2）转换型逆向思维法：指在研究问题时，由于解决问题的手段受阻，而转换另一种手段，或转换思考问题的角度，以使问题顺利解决的思维方法。人们熟知的"司马光砸缸"救落水儿童的历史故事，就是转换型逆向思维法的例子。由于司马光不能通过爬进缸中救人的手段解决问题，因而他就转换为另一手段，破缸救人，进而顺利地解决了问题。例如，"赭面妆"突出面颊"晒伤"的效果，皮肤白皙一直是大众所崇尚的妆容形象，而在西藏及西北高原地区，由于长年受强烈日光的辐射，人们脸颊上会出现两块红得发黑的晒斑。过去，我们认为它很丑，而今，我们认为它很独特。这样的审美转变，是多元化文化深入人心的结果。

（3）缺点逆向思维法：这是一种利用事物的缺点，将缺点变为可利用的东西，化被动为主动，化不利为有利的思维发明方法。

三、逆向思维法应注意的问题

（1）必须深刻认识事物的本质。所谓逆向不是简单的表面的逆向，不是某人说东，又某人偏说西，而是真正从逆向中做出独到的、科学的、令人耳目一新的超出正向效果的成果。

（2）坚持思维方法与辩证方法统一。正向和逆向本身就是对立统一，不可截然分开的，所以，以正向思维为参照、为坐标，进行分辨，才能显示其突破性。

设计师以悖（相反）、异（不同）于事物固有的客观自然规律和常规普遍逻辑去表现事物，充分发挥主观联想和想象，将现实与幻想、真实与虚幻、主观与客观有机地结合统一，创造出反常、变异和矛盾的视觉形象。如"闪烁心星"妆容，没有禁忌，不需合理，打破常规，摆脱束缚。这个妆用现代的词汇形容就是"另类"（Alternative）。这个源于20世纪60年代末的词，代表不遵循现行社会秩序的文化价值，为主流社会所不屑。然而，另类在这个理性有序的世界里，却牢牢地摄住了一双双渴望刺激的眼睛。

符号创意的最大特征在于它的先导性，设计师在创作的过程中，突破原有形态的约束，进行破常规的艺术创造，作品往往给人带来梦幻般的感觉，造成一种荒诞新奇的美感，强调趣味性、幽默性和新鲜性。

第四节　化妆形象创意设计8款

一、异面红绿妆

1. 操作步骤（图7-27）

（1）薄薄的打一层与肤色接近的粉底。然后选择粉红紫色眼影。

（2）晕染一侧眼睑及鼻侧影。

（3）、（4）再选择红紫色眼影，晕染上、下眼睑的睫毛根周围。

（5）选择柠檬黄色眼影晕染另一侧眼睑及鼻侧影。

（6）再选择绿蓝色眼影，晕染上、下眼睑的睫毛根周围。

（7）~（9）使用彩色假睫毛，一侧用绿色假睫毛，一侧用粉红色假睫毛。

（10）使用眼线液画眼线。

（11）一侧选用桃红色打腮红。

（12）另一侧选用橘红色打腮红。

（13）用黑眼线笔轻画下眼线。

（14）、（15）使用散粉定妆。

（16）涂透明的自然色唇彩。

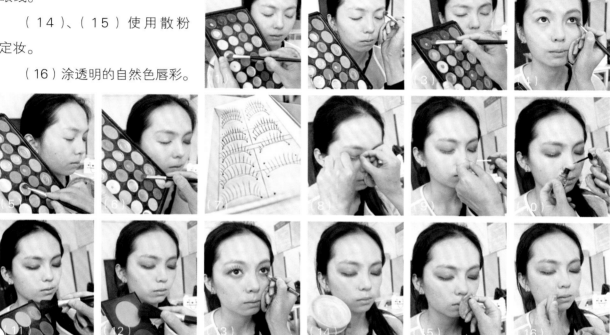

图7-27 异面红绿妆的操作步骤

2. 提示

红与绿是强烈的对比色，也就是补色配合，该妆型为了使其对比削弱，选用红紫与黄绿作为异面的两种彩妆，看上去柔和了很多。

设计师感想：一款红与绿相配合的木质首饰受其启发，配合这款首饰设计相应的妆容。从色彩学的角度来看，红与绿的对比色搭配，有色彩冲击力，应该不是每个人都可以这么大胆，有些人就是有抢眼的天赋，如果小面积使用，合理的点缀，反倒尤为清新（图7-28）。

3. 模特

刘梦菲。

图7-28 异面红绿妆

二、红嫣蜕变妆

1. 操作步骤（图7-29）

（1）、（2）脸的上半部分打深色151粉底，脸的下半部分打浅色130粉底。

（3）再用深色151粉底打面颊的两侧，使面颊有立体感。

（4）打好粉底后的妆底效果。

（5）、（6）选择玫瑰红眼膏，涂染下眼睑。

（7）选择鲜艳的玫红色腮红，用大刷子晕染上、下眼睑及鼻梁。

图7-29　红嫣蜕变妆的操作步骤

（8）再用眼影笔重点刻画下眼睑。

（9）眉毛也用玫红色打底染色。

（10）~（12）选择黑色眼影粉，将眼睛晕染出烟熏的效果。

（13）粘贴假睫毛。

（14）画上、下眼线液。

（15）用黑色眉笔画眉。

（16）、（17）用银色颜料提亮眉骨。

（18）、（19）用白色妆粉将脸的下半部分三角区正面部分提亮，使上下明暗对比拉开。

（20）选用深玫瑰红色唇彩，点染成竖长形口唇妆饰。

2．提示

该妆型以眉眼为中心，上半部分与下半部分使用不同深浅度的妆底，形成蜕变的层次感。眼部红底烟熏妆，眉骨的银色与所佩戴的银饰相呼应。由于面部分成了上、中、下三个区域，使脸型显得缩短，面颊两侧打暗影和唇彩点成竖条形，都是为了增强脸的长度。整体效果，加强眼部的视觉张力和蜕变的层次感。

*设计师感想：*红嫣，指红艳艳，嫣是容貌美好，蜕变，比喻事物由一种状态转变成另一种状态，并且两者之间具有明显的对比关系。妆型"红嫣蜕变"，面部由上至下通过眼部红黑色的转化，形制发生改变，深肤色变成浅肤色，大嘴唇变成竖条嘴唇（图7-30）。

3．模特

刘莹。

图7-30 红嫣蜕变妆

三、闪烁心星妆

1．操作步骤（图7-31）

（1）选择较白的130粉底打底，以使接下来的彩妆塑造突出。

（2）上散粉。

（3）下眼睑画深咖啡色眼影，上眼睑不画。

（4）用白色提亮颧骨上方、鼻梁以及下巴。

（5）下眼睑贴假睫毛（违反常规的方法）。

（6）选嫩红色腮红，打腮红。

（7）画短眉。

（8）画口红。

（9）用黑色笔，在上、下眼睑中部画竖装饰线。

（10）用黑色笔，在眉中部画竖装饰线。

（11）、（12）口唇中部用深红色唇彩画竖装饰线，先画上唇，再画下唇。

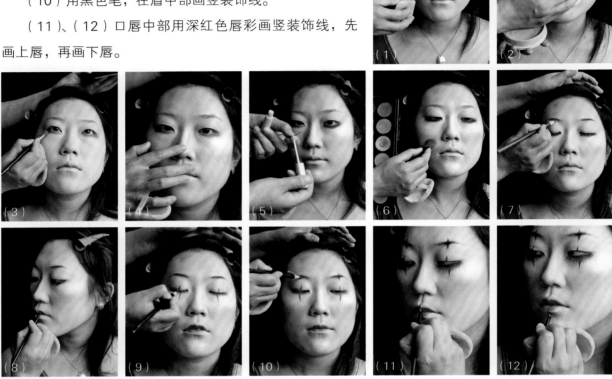

图7-31　闪烁心星妆的操作步骤

2. 提示

该妆运用逆向思维法，本来人的眉、眼、唇都是横向的，却偏偏将其都竖着画；本来眼睫毛应该贴在上眼睑，却偏偏要贴在下眼睑上，如此将事物反过来设计，创作新形象。

> *设计师感想*：循规蹈矩的思维容易使思路僵化、刻板，摆脱不掉习惯的束缚，逆向思维是对传统、惯例、常识的反叛。我们无法用美丽、典雅、漂亮等传统意义上的褒义词来形容违背常理的另类化妆，但另类化妆却给我们带来堪称享受的视觉冲击（图7-32）。

3. 模特

李亚奇（李晓萍）。

图7-32　闪烁心星妆

四、红色写意妆

1．操作步骤（图7-33）

（1）挤出红色戏剧油彩。

（2）闭目，用4厘米宽油彩笔蘸取红色戏剧油彩，在眼睑处横画一笔。

（3）闭目，右眼处竖画一笔。

（4）在画的过程中注意笔触感。

（5）将右下眼睑空白外填满。

（6）在左脸印上中国传统风格的印章。

（7）印章的效果。

（8）涂唇彩，由内向外晕开。

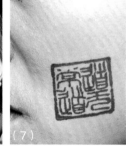

图7-33 红色写意妆的操作步骤

2．提示

中国写意"画由心生"，强调绘画抒发创作者的内心情感。该妆模特吕谦有着一双独特的眼神，当用简练的笔法突出神态时，是一种形简而意丰的表达。大排笔蘸取大红油彩，大笔触配合大印章，迸发出强烈的视觉冲击力。

设计师感想：中国传统中的写意绘画，追求意境，点到为止。这款红色写意，一招一式都带有"中国画"的影子。艺术的表现手法是没有限制的，只要有创作的欲望和这方面的才华，都可以得到艺术激情的尽情发挥（图7-34）。

3．模特

吕谦。

图7-34 红色写意妆

五、信笔涂鸦妆

1. 操作步骤（图7-35）

（1）打140粉底。

（2）用白色定妆粉提亮眼睑下方的横向脸颊、鼻子、额头。

（3）、（4）用咖啡色眼影粉，涂抹脸颊，做出"高原赭红"的效果。

（5）、（6）用淡淡的绿色眼膏涂抹内眼角周围。

（7）～（9）用深的孔雀蓝在眼睑周围皮肤横向涂鸦。

（10）贴假睫毛。

（11）、（12）将发际线周围涂过渡色咖啡色，形成额部轮廓的立体感。

（13）、（14）用深的玫瑰红在额上点画涂鸦。

（15）唇上涂些淡淡的透明唇彩。

图7-35 信笔涂鸦妆的操作步骤

2．提示

该妆底画得稚拙，彩点得胡乱。信笔涂鸦，有自谦之意，随意而不随便，在随意中追求拙趣。

设计师感想： 清·李渔《意中缘·先订》："僻处蛮乡，无师讲究，不过信笔涂鸦，怎经得大方品骘？"我所处的是荒僻未开化的地方，没有什么讲究，不过就是随手乱写乱画，怎么能经的住内行人来品评高低呢？该妆信笔随意描画，妆面像鸦群那样凌乱；实则精心设计，收放间散发出稚拙（图7-36）。

图7-36　信笔涂鸦妆

3．模特

刘莹。

六、那抹孔雀蓝妆

1．操作步骤（图7-37）

（1）打140粉底。

（2）上定妆粉。

（3）、（4）选择孔雀蓝眼影膏，点染整个上眼睑。

（5）画前后都拉长的拱形眉。

图7-37　那抹孔雀蓝妆的操作步骤

（6）、（7）画拉长至眉尾的眼线。

（8）下眼睑涂孔雀蓝眼影膏过渡。

（9）贴假睫毛。

（10）、（11）选淡淡的粉红色，打腮红。

（12）、（13）选择深的孔雀蓝眼影膏，涂唇彩。

2．提示

眼影的选择上，想表现妩媚感觉可选择孔雀蓝；想表现灵动可选择金黄色。加粗眼线，拉长眼尾；眉毛也要相应加深拉长；用深孔雀蓝画唇彩，加强凝重的效果。

> **设计师感想：** 人们对于孔雀蓝的喜爱来自于孔雀与生俱来的高贵与优雅。孔雀蓝是一种特殊的调和颜色，作为蓝色的一种，它在日常生活中并不常见，将带有神秘气质的孔雀蓝点染眼和唇，好似孔雀开屏的魅惑，久久充满魔力（图7-38）。

3．模特

姚艳菁。

图7-38　那抹孔雀蓝妆

七、雨打芭蕉妆

1．操作步骤（图7-39）

（1）、（2）用咖啡色粉底膏，打粉底。

（3）～（5）用金黄色眼影膏点按上眼睑，用金铜色眼影膏点按眼窝。做出眼部的立体感。

（6）～（9）再用黄色眼影粉点涂上眼睑，用橘黄色眼影粉点涂眼窝。

（10）、（11）选择绛红色眼影膏，在额两侧晕开。

（12）～（14）再用绛红色眼影膏，在面颊两侧晕开。

（15）、（16）选用蓝色眼影膏，在下颏处涂染。

（17）再用笔蘸着蓝色眼影膏，在下颏处由下向上画出条状的笔触感。

（1）

（2）

（3）

（4）

（5）

（6）

图7-39

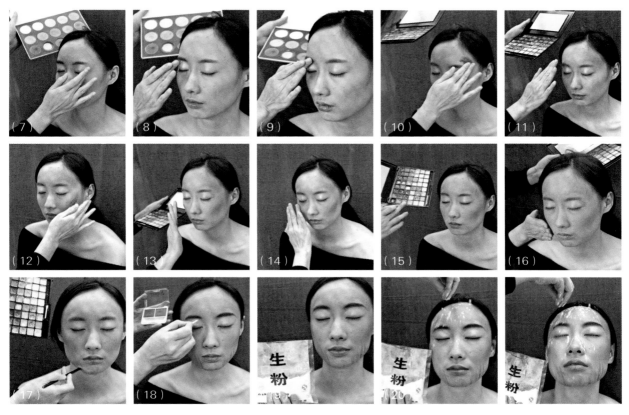

图7-39 雨打芭蕉妆的操作步骤

（18）用咖啡色眉粉画眉。

（19）~（21）最后用食用生粉，从额的上端一点一点撒向面部。

2．提示

用咖啡色粉底膏打粉底后，不上定妆粉，为了在最后撒纯白色生粉时，妆面对生粉有一定的吸附力。不画眼线追求眼睛的迷离感。脸上的绛红色和蓝色，看似漫不经心，实则在随意中追求一种视觉冲击。

设计师感想： 2016年难民潮给欧洲带来了史无前例的冲击，难民潮规模大、惨案多，是真正的人道主义灾难。由此触发了"雨打芭蕉"的化妆形象设计，"雨打芭蕉"是景物描写，雨滴打在芭蕉上。芭蕉因其叶阔，雨打其上，更显凄清。中国南方有丝竹乐《雨打芭蕉》，表凄凉之音。雨打芭蕉化妆形象试图触发文人情感，表达一种轻愁和无奈的思念之情（图7-40）。

3．模特

周洖洖。

图7-40 雨打芭蕉妆

八、尘埃落定妆

1. 操作步骤（图7-41）

（1）、（2）选用深咖啡色粉底，打粉底。

（3）、（4）选用金黄色眼影膏，用手指点按上眼睑眼影。

（5）再用金黄色眼影膏点唇彩。

（6）~（8）选用黄色眼影粉，涂染下眼睑，并将下眼影拉上至鬓发处。

（9）、（10）用黑色眼线笔画下眼线，并顺势向鬓发处拉长。

（11）、（12）再用眼线液加强虚实感。

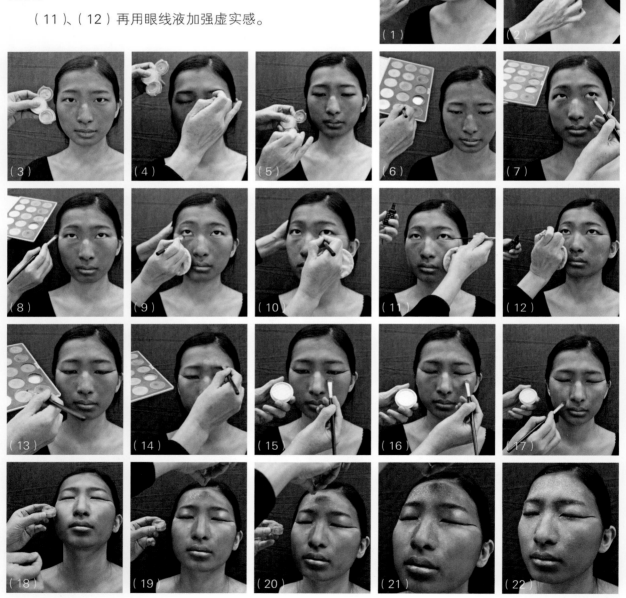

图7-41 尘埃落定妆的操作步骤

（13）、（14）用黄色眼影粉，将额眉处及鼻梁适当提亮。

（15）~（17）用白色妆粉将脸颊处提亮。

（18）~（22）模特闭眼，用银颗粒粉从额上方一点一点撒向面部。

2．提示

用深咖啡色粉底膏打粉底后，没有上定妆粉；上眼睑用眼影膏点按眼影而没有用眼影粉，都是为了在最后撒银颗粒粉时，妆面对银颗粒粉有一定的吸附力。只在下眼睑画眼线而不在上眼睑画眼线，追求眼睛的朦胧感。

设计师感想： 2016年由于来自北非和西亚的难民为逃避战争大批涌入欧洲，给欧洲一些国家带来了社会问题。设计师创作"尘埃落定"妆容，寓意尘埃虽然在空中飘浮，最终要落到地面。希冀夹缝中的欧洲难民，经过一阵混乱后将结束苦难（图7-42）。

3．模特

张文力。

图7-42　尘埃落定妆

 思考与练习

1．在学习化妆形象设计与技术时，绘画是造型能力训练的基础课。化妆师必须具备以下能力：观察能力、感受能力、思考能力、理解能力、记忆能力和想象能力。如何让自己成为一名优秀的化妆师。

2．逆向思维法有三大类型，分别简述哪三大类型？

3．正向思维和逆向思维的关系？

4．逆向思维法应注意的问题？

5．运用仿生设计原理，设计一款灵感来自于动物的诱发创造的化妆形象。

6．运用仿生设计原理，设计一款灵感来自于植物的诱发创造的化妆形象。

7．以历史上经典的传统妆容为原型，在传统创意的前提下，创作符合现代人审美的化妆形象设计。并拍摄化妆过程，撰写操作步骤、提示、设计师感想。

8．用逆向思惟法，创作一款具有视觉感的创意妆。并拍摄化妆过程，撰写操作步骤、提示、设计师感想。

参考文献

［1］夏征农. 辞海［M］. 上海：上海辞书出版社，1989.

［2］C. 恩伯，等. 文化的变异［M］. 杜杉杉，译. 沈阳：辽宁人民出版社，1988.

［3］戴维·波普诺. 社会学［M］. 刘云德，等译. 沈阳：辽宁人民出版社，1987.

［4］陶立璠. 民俗学概论［M］. 北京：中央民族学院出版社，1987.

［5］高小康. 时尚与形象文化［M］. 天津：百花文艺出版社，2003.

［6］莱蒂茨亚·鲍尔德里奇. 企业人礼仪手册［M］. 陈芬兰，等译. 海口：海南出版社，1997.

［7］宗坤明. 形象学基础［M］. 北京：人民出版社，2000.

［8］利普斯. 事物的起源［M］. 汪宁生，译. 成都：四川民族出版社，1982.

［9］奥维德. 爱经［M］. 戴望舒，译. 桂林：漓江出版社，1988.

［10］赵崇祚. 花间集［M］. 武汉：武汉出版社，1995.

［11］何思美. 古诗源·白话乐府［M］. 哈尔滨：哈尔滨出版社，1995.

［12］彭定求，等. 全唐诗［M］. 郑州：中州古籍出版社，1996.

［13］李润生. 古今汉语字典［M］. 上海：汉语大词典出版社，1993.

［14］俞平伯. 唐宋词选释［M］. 北京：人民文学出版社，1979.

［15］王世贞. 艳异编［M］. 呼和浩特：远方出版社，2001.

［16］陈元龙. 历代赋汇［M］. 南京：江苏古籍出版社，1987.

［17］怀特. 文化科学［M］. 曹锦清，等译. 杭州：浙江人民出版社，1988.

［18］沈从文. 中国服饰史［M］. 西安：陕西师范大学出版社，2004.

［19］沈从文. 中国古代服饰研究［M］. 上海：上海书店出版社，2005.

［20］周锡保. 中国古代服饰史［M］. 北京：中国戏剧出版社，1984.

［21］周汛. 中国历代服饰［M］. 上海：学林出版社，2002.

［22］黄能馥，陈娟娟. 中国服装史［M］. 北京：中国旅游出版社，2001.

［23］竺小恩. 敦煌服饰文化研究［M］. 杭州：浙江大学出版社，2011.

［24］纳春英. 唐代服饰时尚［M］. 北京：中国社会科学出版社，2009.

［25］赵丰. 中国丝绸艺术史［M］. 北京：文物出版社，2005.

［26］张庆捷. 民族汇聚与文明互动［M］. 北京：商务印书馆，2010.

［27］刘永华. 中国古代军戎服饰［M］. 上海：上海古籍出版社，2003.

［28］湖北省博物馆编. 曾侯乙墓（上下）［M］. 北京：文物出版社，1989.

［29］唐兰. 唐兰先生金文论集［M］. 北京：紫禁城出版社，1995.

［30］蒋祖怡，张涤云整理. 全辽诗话［M］. 长沙：岳麓书社，1992.

［31］厉鹗. 宋诗纪事［M］. 上海：上海古籍出版社，2013.

［32］叶隆礼. 契丹国志［M］. 上海：上海古籍出版社，1985.

［33］吴延燮等. 北京市志稿［M］. 北京：北京燕山出版社，1988.

［34］朱彧. 萍洲可谈［M］. 北京：中华书局，2007.

［35］庄绰. 鸡肋编［M］. 北京：中华书局，1983.

［36］唐慎微. 证类本草［M］. 北京：华夏出版社，1993.

［37］常敏毅集辑. 日华子诸家本草［M］. 宁波：宁波市卫生局，1985.

［38］张修桂. 辽史地理志汇释［M］. 合肥：安徽教育出版社，2001.

［39］柯九思. 辽金元宫词［M］. 北京：北京古籍出版社，1988.

［40］阎凤梧. 全辽金文［M］. 太原：山西古籍出版社，2002.

［41］脱脱. 辽史［M］. 北京：中华书局，1974.

［42］向南. 辽代石刻文编［M］. 石家庄：河北教育出版社，1995.

［43］上海戏曲学校中国服装史研究组. 中国历代服饰［M］. 上海：学林出版社，1984.

［44］王文濡. 香艳丛书［M］. 长沙：岳麓书社出版，1994.

［45］舒红跃. 技术与生活世界［M］. 北京：中国社会科学出版社，2006.

［46］王飞. 德韶尔的技术王国思想［M］. 北京：人民出版社，2007.

［47］S. B. 凯瑟. 服装社会心理学［M］. 李宏伟，译. 北京：中国纺织出版社，2000.

［48］A. 卢里. 解读服装［M］. 李长春，译. 北京：中国纺织出版社，2000.

［49］安妮·霍兰德. 性别与服饰［M］. 魏如明，等译. 北京：东方出版社，2000.

［50］布兰奇佩尼. 世界服装史［M］. 徐伟儒，译. 沈阳：辽宁科技出版社，1987.

［51］霭理士. 性心理学［M］. 潘光旦，译. 北京：三联书店，1987.

［52］张乃仁，杨蔼琪. 外国服装艺术史［M］. 北京：人民美术出版社，1993.

［53］袁仄. 外国服装史［M］. 重庆：西南师范大学出版社，2009.

［54］李当岐. 西洋服装史［M］. 北京：高等教育出版社，2005.

［55］皮库克. 20世纪西方女装史经典图鉴［M］上海：上海人民美术出版社，2008.

［56］凯利·布莱克曼. 20世纪世界时装绘画图典［M］. 上海：上海人民美术出版社，2008.

［57］希罗多德. 历史［M］. 王以铸，译. 北京：商务印书馆，1959.

［58］Kyoto Costume Institute.Fashion［M］. Germany：Taschen，2005.

［59］Avril Hart，Susan North，Richard Davis.Historical Fashion in Detail[M]. England：Victoria & Albert Museum，2003.

后　记

设计师是世界上最美好的职业，教师又是人类灵魂的工程师。我庆幸自己既是设计师，又是一名教师。我努力吸纳人类文明之精华，再把它们传递给我的学生。捕捉美丽，不断成长，是发生在我和我的学生身上最美妙的事之一。

我一直在高校从事形象视觉设计的教学与研究，深切感受到时代变化对我们每个人的影响。为此，我经常充满着对美的好奇、探求和创新的激动，还有那时时萦绕在脑海中对形象美的理性思考。每有一点想法，就迫不及待地在键盘上飞速敲击，仿佛儿时追逐飞翔灵动的鸟儿；又宛如向读者交流我的经验体会，梳理着蕴含在心底缕缕阳光。在如此的心境中，以江南大学纺织服装学院学生为模特，配合我完成了化妆形象设计的实践环节，她们满脸透出的青春活力，热情优雅的视觉展示，不止一次感动了我。课堂上，我的学生金之韵用相机记录了我为学生示范化妆的全过程；课堂下，我的先生李道国用相机记录了我进行化妆形象设计创作的全过程。为了给读者呈现化妆后的真实形象，所有彩图照片都没有经过后期美图处理，即使有瑕疵、有化妆痕迹，也保留其中，便于读者在学习实践中更好的实践对照，这是我们出版教材所秉承的基本原则。

在撰写书稿的过程中，就像孕育一个新生儿，我怀揣着不安、欣喜、渴望，等待他的出生。我始终以感恩之心，希望读者对书中存在的错误和不足，予以指正，便于我们再版更正，定会使本书更上一层楼，造福广大读者。

感谢支持和帮助过我的所有朋友。我的工作让我的生命充满意义，我很幸运！

徐莉

2018年10月写于江南大学